事件触发控制系统的分析与设计

李国梁　沈晓卫　吴玉彬　何　兵　著

西安电子科技大学出版社

内 容 简 介

本书从事件触发控制系统建模、稳定性分析和触发机制设计三个角度展开论述。首先介绍了事件触发控制系统触发机制设计和建模分析的国内外研究现状；随后分别对状态反馈连续事件触发控制(SF-CETC)系统、状态反馈周期事件触发控制(SF-PETC)系统、基于模型的事件触发控制(MB-ETC)系统和输出反馈事件触发控制(OF-ETC)系统从系统建模、稳定性分析和触发机制设计三个角度进行了相对完整且有针对性的讨论。最后对事件触发控制机制在火箭发动机矢量控制伺服机构中的应用进行了探索，推导出了能确保有效跟踪的触发机制参数的确定方法，并通过数值仿真验证了 ETC 方法的优势。

本书具有较强的理论性和系统性，对重要的理论和方法进行了分析；同时具有较强的逻辑性，条理清晰，理论结合实践。

本书可作为控制理论与科学、信息科学等相关专业高年级本科生和研究生的辅助教材，也可作为教师和信息融合、网络通信系统设计、模式识别等领域的研发人员的参考用书。

图书在版编目(CIP)数据

事件触发控制系统的分析与设计/李国梁等著. —西安：西安电子科技大学出版社，2023.3

ISBN 978-7-5606-6693-8

Ⅰ. ①事…　Ⅱ. ①李…　Ⅲ. ①火箭发动机—控制系统—研究　Ⅳ. ①V43

中国版本图书馆 CIP 数据核字(2022)第 221180 号

策　　划　明政珠
责任编辑　杨　薇
出版发行　西安电子科技大学出版社(西安市太白南路 2 号)
电　　话　(029)88202421　88201467　　邮　　编　710071
网　　址　www.xduph.com　　电子邮箱　xdupfxb001@163.com
经　　销　新华书店
印刷单位　陕西博文印务有限责任公司
版　　次　2023 年 3 月第 1 版　2023 年 3 月第 1 次印刷
开　　本　787 毫米×1092 毫米　1/16　印张 6.75
字　　数　110 千字
印　　数　1～1000 册
定　　价　42.00 元
ISBN 978-7-5606-6693-8/V

XDUP　6995001-1

前言
Preface

基于事件触发机制的控制方法能够有效解决网络控制系统中通信带宽受限的问题，在过去十多年间受到了学者们极大的关注，诞生了较为丰富的研究成果。这些成果对完善事件触发控制理论，指导事件触发控制在工程中的应用均发挥了重要作用。然而，现有成果对事件触发网络控制的一些问题还没能很好地解决，主要有：第一，现有成果对某些触发机制的特性分析得不够深入，在实际应用时，还需改进；第二，现有成果给出的关于某些问题的结论存在一定的保守性；第三，研究成果较为分散，系统性不强，某些方面的研究还有待补充、完善；第四，关于事件触发控制的应用研究成果相对较少。

基于上述考虑，为进一步完善事件触发网络控制的相关研究，针对线性系统状态反馈以及输出反馈情况下事件触发网络控制研究中存在的问题，本书从事件触发网络控制系统建模、稳定性分析和触发机制设计三个角度展开论述。本书的主要内容概括如下：

(1) 针对动态门限触发的状态反馈连续事件触发控制系统，基于受扰系统理论，得到了保守性更低的稳定结论和可求优化解的触发机制参数的确定方法；提出了可克服 Zeno 现象的动静混合门限事件触发机制；应用脉冲系统理论得到了便于实现触发机制门限参数设计的稳定定理。

(2) 针对动态门限触发的状态反馈周期事件触发控制系统，在归纳现有几类动态门限触发机制形式的基础上，提出了动态门限触发机制的统一描述形式。

(3) 针对基于模型的连续事件触发控制系统、基于模型的周期事件触发控制系统和动态输出反馈事件触发控制系统，进行了独特的讨论。

(4) 针对飞行器的伺服控制问题，讨论了事件触发机制的设计方法。

总而言之，本书期望实现对事件触发控制的一些问题进行较为完整的论述，为这些问题的研究提供基础，为对这些问题感兴趣的读者提供一个较有价值的参考。本书的作者为火箭军工程大学的一线教师。本书的编写和出版得到了火箭军工程大学各级领导和财务处、科研学术处的大力支持，以及刘刚教授、曹菲教授、姬国勋副教授、朱晓菲副教授、周鑫副教授等教师的鼎力帮助，在此一并表示衷心的感谢！

希望通过本书的阅读，读者能学有所得。由于作者水平有限，虽然付出了大量的时间和精力，但是书中疏漏之处在所难免，欢迎广大同行和读者批评指正。

李国梁

2022 年 11 月

于西安

主要缩略词说明

英文缩写	中文名称	英文名称
ETC	事件触发控制	Event-Triggered Control
ETM	事件触发机制	Event-Triggering Mechanism
ETNC	事件触发网络控制	Event-Triggered Networked Control
CETC	连续事件触发控制	Continuous Event-Triggered Control
PETC	周期事件触发控制	Periodic Event-Triggered Control
MB-ETC	基于模型的事件触发控制	Model Based Event-Triggered Control
SF-ETC	状态反馈事件触发控制	State Feedback Event-Triggered Control
OF-ETC	输出反馈事件触发控制	Output Feedback Event-Triggered Control
MB-CETC	基于模型连续事件触发控制	Model-Based CETC
SF-CETC	状态反馈连续事件触发控制	State Feedback CETC
OF-CETC	输出反馈连续事件触发控制	Output Feedback CETC
MB-PETC	基于模型周期事件触发控制	Model-Based PETC
SF-PETC	状态反馈周期事件触发控制	State Feedback PETC
OF-PETC	输出反馈周期事件触发控制	Output Feedback PETC
ETSC	事件触发伺服控制	Event-Triggered Servo Control
ISS	输入到状态稳定	Input-to-State Stable
PWL	分段线性	Piecewise Linear
IOS	输入输出稳定	Input-Output Stability
LMI	线性矩阵不等式	Linear Matrix Inequality
BMI	双线性矩阵不等式	Bilinear Matrix Inequality
GES	全局指数稳定	Globally Exponentially Stable
Inf	下确界	Infimum
Sup	上确界	Supremum
int Ω	集合 Ω 内部	interior
cl Ω	集合 Ω 闭包	closure

目 录
Contents

第 1 章　绪　　论

1.1　引　　言

随着网络化通信技术的飞速发展，无论在民用工业领域还是在航空航天领域，愈来愈多的控制系统演变为如图 1－1 所示的基于共享通信网络构成的网络控制系统（Networked Control System，NCS）。NCS 中传感器、控制器和执行器之间的通信通过数字通信网络实现。NCS 实现了网络通信技术与控制技术的有效结合，把网络通信技术的可靠性高、布线少、接入灵活、成本低和便于维护等优点融入控制技术中[1-2]。但 NCS 在把网络通信技术的优点融入控制技术的同时也把网络通信的缺点和限制引入到控制技术中，致使网络控制技术理论的研究和系统实现均面临新的挑战，其中尤为突出的是通信带宽受限问题。

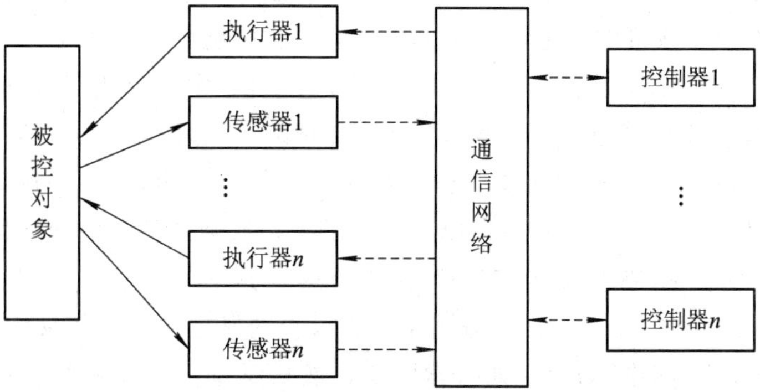

图 1－1　典型网络控制系统结构图

过去，NCS 大多设计为周期工作模式，在固定的周期时刻执行采样、控制计算和执行器输出更新等控制任务，一般依据香农定理或工程经验来选取采样频率[3]。简化的周期采样控制系统如图 1－2 所示，被控对象输出量测数据的采样工作在周期模式，系统中其他环节的控制任务与数据采样是联动关系，图中等间隔虚线表示信号为周期离散信号，实线表示连续信号。周期采样模式的控制系统便于分析和设计，但从资源利用的角度来讲，周期采样控制在系统没有受到扰动、控制器输入不需要更新的情况下，系统也要传递一个新的输出量测数据到控制器，并执行一次控制任务，这本质上是在浪费宝贵的通信资源。随着工程中控制系统日趋庞大，系统中节点间的通信资源竞争更加激烈，如何减少控制系统中通信资源的浪费、克服通信带宽受限问题，已成为网络控制技术推广中亟须解决的一个热点问题，特别是在基于高成本通信网实现的控制系统和基于无线网络实现的控制系统中。解决通信带宽受限问题的有效途径之一便是降低控制系统中的信息传递次数，即降低总体采样次数或平均采样频率。一种能够克服周期采样工作模式缺点的采样控制方法——事件触发控制(Event-Triggered Control，ETC)方法受到了重视。

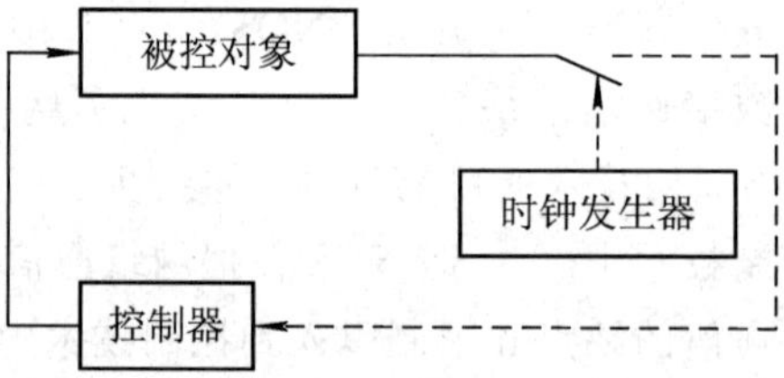

图 1-2　简化的周期采样控制系统示意图

简化的 ETC 系统如图 1-3 所示，系统中数据的采样由一个精心设计的事件发生器控制，该事件发生器反映了特定的触发机制，图中点画线的含义是此路径信号为非周期离散信号。需要说明的是，ETC 中只有当触发机制发出事件后才执行采样和其他控制任务，而不像传统的周期采样控制，控制任务的执行是以固定的时间间隔周期地执行。大量研究[4-10]表明，ETC 能够在保留良好的控制性能的同时有效减少控制过程中的采样次数或任务的执行次数，从而有效解决网络控制的通信带宽受限问题。这使得事件触发网络控制(Event-Triggered Networked Control，ETNC)的研究成为近年来的一个热点。以“事件触发 & 网络”为关键词搜索国家自然科学基金近几年的资助情况，发现资助项目数在 2012 年和 2013 年每年仅有 1 项，2014 年为 4 项，2015 年为 10 项，2019 年增长到 20 项，2020 年为 23 项，这说明关于 ETNC 的研究，也是我国近年来的一个研究热点。总之，ETNC 方法的诸多优点，决定了它的重要研究价值和广阔应用前景。对 ETNC 系统的建模、分析和触发机制设计等相关问题的进一步研究，可以丰富 ETNC 现有的研究成果，为 ETNC 在航空航天及民用工业领域的推广应用提供理论支撑。

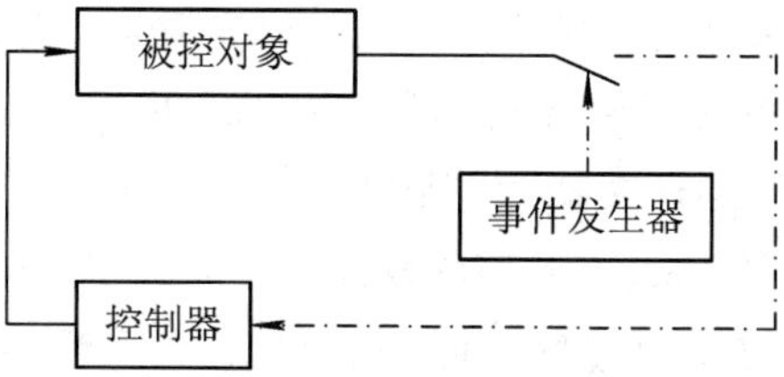

图 1-3　简化的事件触发控制系统示意图

1.2　研究现状

ETNC 将事件触发思想应用到网络控制中，能够在保证一定控制性能的前提下，提高网络带宽资源利用率，克服带宽受限问题，甚至克服通信能耗受限问题等。需要说明的是，从理论研究的角度讲，当仅考虑网络带宽资源利用问题时，即不考虑网络通信的其他限制，如空间分布、传输时延和丢包等时，ETNC 系统可视为一个单回路控制系统，此时，ETNC 和 ETC 实为同一问题，所以 ETC 的研究成果实为 ETNC 的研究成果。如无特殊说明，本书的研究中也把 ETNC 和 ETC 视为同一命题。

ETC 本质上是一种非周期采样控制方法，这一思想可以追溯到计算机控制诞生时期[11-12]，在关于这一思想的漫长研究中，对于这类采样控制思想的表达，学者们并没有形成共识，诞生了很多关于这一思想的不同表达名称，如 level crossing sampling[13-14]、Lebesgue sampling[15]、magnitude-driven sampling[16]、send-on-delta sampling[17-18]、send-on-area sampling[19]、error energy sampling[20]、state-triggered sampling[21]、interrupt-based feedback[22] 和 asynchronous control [23] 等。

在过去十几年里，ETC 的研究呈现出迅速发展的态势，这主要得益于以下两个因素：一个是基于共享网络构成的控制系统应用日趋广泛；另一个是文献[4]和文献[5]的成果坚定了这一研究方向的前景。文献[4]针对一阶线性系统，对比了时间触发与事件触发两种采样控制方法所能达到的系统稳态方差和采样速率，结果表明，相较于传统周期采样控制方法，事件触发机制能够显著降低采样速率。文献[5]首次设计了基于事件触发的 PID 控制方法，指出该方法能够在牺牲一些控制性能的情况下极大地减小 CPU 资源的消耗。在过去十余年间，学者们把 ETC 这一思想应用到各种控制系统中，采用多种手段，系统地研究了相应的系统建模、稳定性分析和触发机制设计等问题，并取得了丰硕的研究成果。这些成果既有针对线性系统的研究成果，也有针对非线性系统的研究成果，既有针对系统建模分析的研究成果，也有关于系统综合的研究成果，具体可参见相关综述性文献[24]至文献[28]。具有代表性的研究团队有美国圣母大学电子工程系 Lemmon MD 教授领导的研究团队[1,30-38]，荷兰埃因霍温大学 Heemels WPMH 教授领导的研究团队[8,23-24,39-43]，以及加州大学洛杉矶分校 Paulo Tabuada 教授领导的研究团队[21,44-49]。

结合本书的研究内容，下面从触发机制的设计和事件触发控制系统的建模与分析两个方面对相关的研究现状做一介绍。

1.2.1 触发机制的设计

ETC 系统设计的内容之一就是触发机制的设计。在相当多的研究中，触发机制的设计和其他设计(如控制器、通信协议的设计)是分开考虑的，这种情况下触发机制的设计直接影响着触发控制系统性能的改善程度，甚至决定着整个控制系统设计的可行性。触发机制设计的本质是设计一种决定采样或控制任务执行时刻的判决方法，一般情况下，这一判决方法可能与系统参数或工作状态数据等有关联。可以断定，在触发机制设计科学的情况下，触发机制所关联的系统参数或数据越多，采用该触发机制取得的控制性能会越好。依据触发机制工作时是否需要对系统信息主动持续监测，触发机制分为事件触发和自触发(Self-Triggered)两类[24]，对应自触发机制的控制方法称为自触发控制[50-61](Self-Triggered Control，STC)。以被控对象的测量输出到控制器的采样事件触发为例，ETC 系统示意图如图 1-4 所示，从图中可以看出，ETC 中的事件发生器需要主动持续监测被控对象的测量输出来实现采样事件触发；STC 系统示意图如图 1-5 所示，STC 中的事件发生器不需要主动监测测量输出，它的思想是依据过去事件触发时测量的数据和系统信息，预测下一事件的发生时刻，STC 的特点是触发机制是软实现。当系统存在随机干扰或不确定因素时，设计性能良好的自触发机制非常困难，此外，自触发机制实现时一般需要较强的计算能力和较高的精度。一般情况下，ETC 可以获得较大的采样间隔，具有较好的控制性能，但是它需要持续监测，在一些持续测量实现受限的情况下，比如传感器持续供电受限，ETC 方法可能不及 STC 方法实用。目前来看，研究主要还是集中在 ETC 这一分支上，有学者还提出将 ETC 转化为对应 STC 的方法，下面着重介绍与本书研究相关的 ETC 方式下的事件触发机制设计的研究状况。

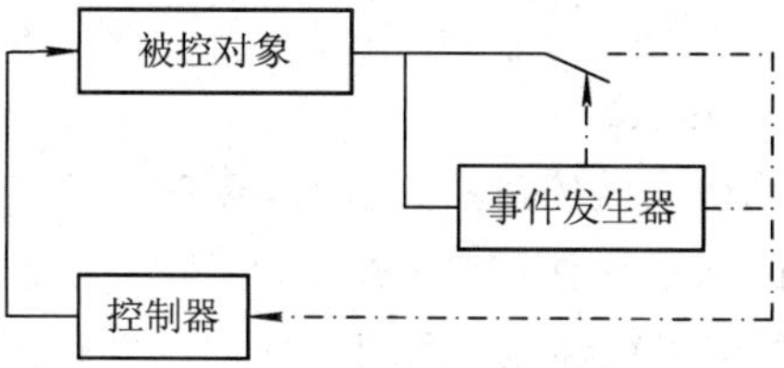

图 1-4 ETC 系统示意图

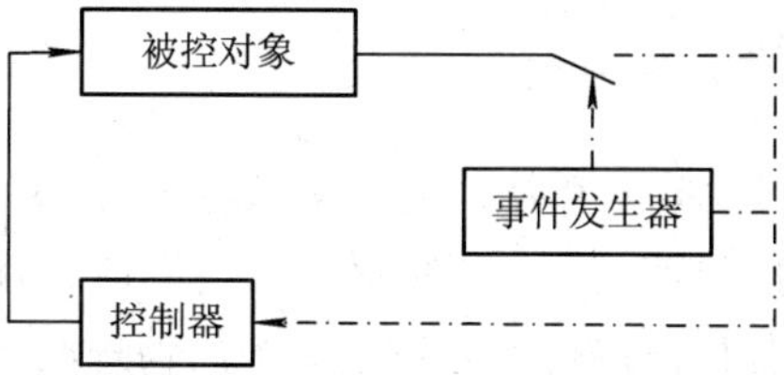

图 1-5 STC 系统示意图

触发机制设计实为设计一合适的触发条件，当该条件满足时系统就触发事件。一般情况下，触发条件可表示为数学函数的形式。设计事件触发条件时，一般要确保系统满足一定的控制性能，比如系统稳定性能，常见的有输入到状态稳定(Input-to-State Stable，ISS)、L_2 稳定、L_∞稳定等，以及稳态性能和鲁棒性能等。

文献[4]作为先驱性的 ETC 研究文献，针对一阶系统，设计了保证终端状态幅值限制在一个常数内的基于状态幅值检测的事件触发机制，即当系统状态的绝对值超过某一门限时就触发事件。随着研究的深入，事件触发控制被推广到多种类型和控制方式的系统中，设计出多种多样的触发机制，比如针对线性系统控制的触发机制、针对非线性系统控制的触发机制、针对单个系统控制的触发机制、针对多个系统控制的触发机制、针对状态反馈控制的触发机制和针对输出反馈控制的触发机制。此外，依据触发机制实现时的物理空间分布，触发机制分为分散实现和集中实现两种情形；依据触发机制实现过程中监测输入信号的时间特性，触发机制分为连续实现和离散周期实现两种形式。下面从基于状态和基于输出两个角度分别介绍事件触发机制设计的研究现状。

1. 基于状态的触发机制设计

基于状态的触发机制主要应用在状态反馈 ETC(State Feedback ETC，SF-ETC)中。近年来研究成果中给出的触发机制，基于系统状态本身幅值的设计方法[4,62]基本不再被采用，这类方法的特点是实现较为简单，能够确保系统最终稳定在某一范围内，缺点是当系统受到较大干扰或是初始状态偏离门限所要求的稳定区域较大时，极易导致频繁的事件触发，理论上会致使触发间隔无限小，这被称为 Zeno 现象[62]，Zeno 现象会导致网络传输信道的拥塞或者实际应用的不可行。目前常用的 SF-ETC 触发机制设计方法有两种：一种是基于系统上一采样时刻状态和当前状态之间的偏差进行设计；另一种是基于系统状态和参考模型状态之间的偏差进行设计，采用这类触发机制的 ETC 被称为基于模型的事件触发控制(Model Based Event-Triggered Control，MB-ETC)。

为了便于描述，引入如下线性时不变(Linear Time-Invariant，LTI)被控对象：

$$\dot{x}(t)=Ax(t)+Bu(\mathrm{t}) \tag{1-1}$$

其中，A 和 B 为对应的系数矩阵，$x(t)\in\mathbb{R}^n$ 代表被控对象的状态，$u\in\mathbb{R}^n$ 代表控制输入。一种简化的状态反馈事件触发控制系统如图 1-6 所示。假定控制器和被控对象之间是理想的物理联通，图中用实线连接；系统工作时，只有事件发生时刻 t_k 才执行采样和信息传递，图中用点画线连接，示意通信或数据更新的非周期特点。

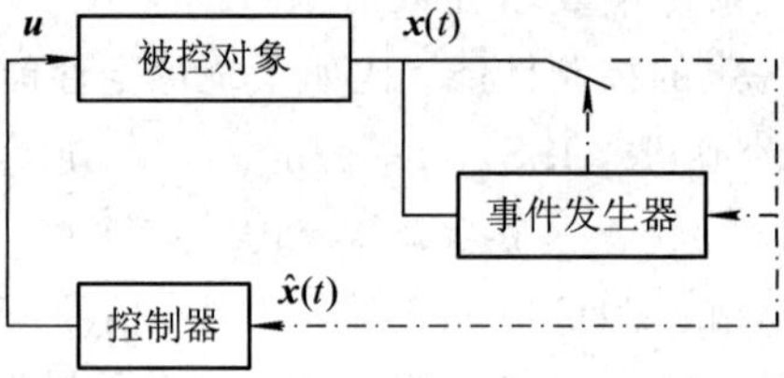

图 1-6　SF-ETC 系统示意图

图 1-6 所示的 SF-ETC 系统的实际控制输入为

$$u(t)=Kx(t_k)=K\hat{x}_k \quad (t_k, t_{k+1}) \tag{1-2}$$

其中，K 为控制增益矩阵，$\hat{x}_k\in\mathbb{R}^n$ 为 $x(t)$ 在事件触发时刻 t_k 的采样值，除 $t_0=0$ 外，其他触发时刻 t_k 由相应的触发机制决定。系统上一采样时刻状态和当前状态的偏差为

$$e(t)=x(t_k)-x(t)=\hat{x}_k-x(t) \tag{1-3}$$

最典型的一类触发机制是基于状态偏差的静态门限触发机制[29,39,63-65]，许多文献所采用的触发机制都属于这一类，如前面所述的 level crossing sampling[13-14]、Lebesgue sampling[15]、magnitude-driven sampling[16] 和 send-on-delta sampling[17-18]等，这类触发机制的表达式如下：

$$t_{k+1}=\inf\{t>t_k \mid \|e(t)\|\geqslant\varepsilon\} \tag{1-4}$$

其中，ε 是静态触发机制的触发门限，也称为门限参数(对于静态门限触发机制，门限和门限参数值相等)，为正实数。这类触发机制的特点是物理含义明确，采用一个简单的比较电路即可实现，触发机制设计中的参数确定相对容易一些。控制中采用这一类触发机制，当门限设计较大时，控制过程中事件发生的数目明显减少，但系统状态只能够稳定在一个比较大的范围内，对应控制精度比较低；当门限设计较小时，事件发生的数目明显增多，系统能够稳定在比较小的范围内，对应控制精度比较高。静态门限触发机制的缺点是，门限确定后，当系统动态变化比较剧烈或者偏离平衡点较远时，极易产生 Zeno 现象，而当系统运行接近稳态时，系统状态进入特定范围后，将不会触发事件，从而无法进一步施加控制信号实现更为精确的控制。文献[19]中的 Area-Triggered 方法在一定程度上能够进一步缩小稳态范围，但不能有效解决偏离平衡点较远时的 Zeno 现象。

一种能够有效克服静态门限触发机制缺点的方法是采用基于状态偏差的动态门限触发机制[35]，其触发机制形式是：

$$t_{k+1} = \inf\{t > t_k \mid \|\boldsymbol{e}(t)\| \geqslant \sigma \|\boldsymbol{x}(t)\|\} \tag{1-5}$$

其中，$\sigma\|\boldsymbol{x}(t)\|$ 为动态门限，参数 σ 称为动态门限触发机制的门限参数，一般为正实数。在采用动态门限触发机制的 SF-ETC 中，门限的大小和系统当前状态的幅值相关，当系统状态比较大时，门限自动变大，不会导致频繁的事件触发，克服了静态门限的缺点；当系统状态比较小时，门限自动变小，当偏差相对较大时也能触发事件，从而实现更为精确的控制。动态门限方法在控制中动态跟随能力比较强，但这一方法的缺点是当系统状态过原点或者初始状态为零时，动态门限接近零值，此时如果系统受到高频突变干扰，则可能会导致频繁的事件触发，即 Zeno 现象的发生。可见，连续监测的 SF-ETC，即 SF-CETC，无论是采用动态门限触发机制还是采用静态门限触发机制，均存在致使系统产生 Zeno 现象的可能性，这是今后事件触发机制设计中需要引起重视和克服的一个问题。

针对基于状态的 MB-ETC，在触发机制设计中，触发条件也可设计为静态和动态门限两类。MB-ETC 思想源于基于模型的网络控制（Model-Based Networked Control，MBNC）方法[66-68]。假定参考模型状态为 $\boldsymbol{x}^m(t)$，静态门限触发机制[30,67,69]的表达式为

$$t_{k+1} = \inf\{t > t_k \mid \|\boldsymbol{x}(t) - \boldsymbol{x}^m(t)\| \geqslant \varepsilon\} \tag{1-6}$$

其中，ε 是门限参数，为正实数，也称静态门限参数。这一触发机制具有与触发机制(1-4)类似的特点，即一旦门限确定，系统可稳定的区域就确定了，不能跟随系统的工作状态而调整，当系统动态变化比较剧烈或者偏离平衡点较远时，也易产生 Zeno 现象，而当系统运行接近稳态时，系统状态进入特定范围后，将不会触发事件，从而无法进一步施加控制信号实现更为精确的控制。动态门限触发机制[69]的表达式为

$$t_{k+1} = \inf\{t > t_k \mid \|\boldsymbol{x}(t) - \boldsymbol{x}^m(t)\| \geqslant \sigma \|\boldsymbol{x}(t)\|\} \tag{1-7}$$

采用基于模型的动态门限触发机制在控制中具有动态跟随能力强的优点，但当系统状态过原点或者初始状态为零时，如果系统受到高频突变干扰，则可能发生 Zeno 现象。MB-ETC 方法由于利用了已知的参考模型知识，可以极大

地降低事件触发次数，但在控制输入产生和触发机制的实现时均需要复现参考模型，这需要非常大的计算量，此外，很多时候很难确定一个贴合实际系统运动特性的参考模型，故该方法在实际应用中有时会受限。

以上介绍了四种事件触发机制的基本形式和特点，随着研究的不断深入，出于提高触发机制实现的可行性，或进一步提高资源利用率，或提高触发机制对被控对象的适应性的目的，多种针对 SF-ETC 的触发机制和设计方法被提出。

从触发机制实现的可行性角度考虑，前面介绍的触发机制在工程实现时，一般需要连续监测系统状态输出，在以数字化为基础的网络控制系统中实现连续监测存在着一定的不便，因为这需要设计附加的模拟电路，而模拟电路的设计和调试均不易实现。为了提升事件触发控制的可行性，基于离散周期的监测事件触发机制受到重视，对应的控制称为周期事件触发控制（Periodic Event-Triggered Control，PETC），状态反馈 PETC 简称为 SF-PETC。在 PETC 中，事件发生器需按照一定的时间周期监测系统状态的变化，在现有数字控制系统中加入相应的数字判决算法即可实现。周期监测方法还有一个潜在好处：可缓减由于频繁事件触发所导致的网络拥塞问题，因为这一方法可以确保最小事件触发间隔大于等于监测周期。PETC 的实质就是离散系统的事件触发控制[70]，文献[41]将这一概念规范化，研究了离散周期监测的动态门限触发机制设计问题。文献[45]基于动态规划实现了控制输入和离散周期监测触发机制的联合设计。文献[40]研究了基于模型的周期事件触发机制的设计问题。

为了进一步降低结论保守性，多种形式的触发机制被提出。文献[32]和文献[71]提出基于李亚普诺夫稳定定理的触发机制设计方法，其基本思想是事件触发时刻要确保 Lyapunov 函数的非增特性。基本思路就是基于 $\frac{\mathrm{d}}{\mathrm{d}t}V(\boldsymbol{x}(t))\leqslant -\sigma\boldsymbol{x}^{\mathrm{T}}(t)\boldsymbol{Q}\boldsymbol{x}(t)$ 进行推导，所得触发条件的函数形式如下：

$$\begin{aligned}f_{\mathrm{C}}(\boldsymbol{x}(t),\boldsymbol{e}(t))=&\boldsymbol{x}^{\mathrm{T}}(t)((\boldsymbol{A}+\boldsymbol{BK})^{\mathrm{T}}\boldsymbol{P}+\boldsymbol{P}(\boldsymbol{A}+\boldsymbol{BK})+\sigma\boldsymbol{Q})\boldsymbol{x}(t)+\\&\boldsymbol{x}^{\mathrm{T}}(t)\boldsymbol{PBKe}(t)+\boldsymbol{e}^{\mathrm{T}}(t)(\boldsymbol{BK})^{\mathrm{T}}\boldsymbol{Px}(t)\end{aligned}\tag{1-8}$$

其中，$V(\boldsymbol{x}(t))=\boldsymbol{x}^{\mathrm{T}}(t)\boldsymbol{Px}(t)$ 是 Lyapunov 函数，$\boldsymbol{P}$、$\boldsymbol{Q}$ 为相关正定矩阵，$\sigma\in(0,1]$ 为调节 Lyapunov 函数衰减率的参数。文献[72]和文献[73]设计出的触发条件函数 f_{C} 的取值形式为

$$f_{\mathrm{C}}(\boldsymbol{x}(t_k),\boldsymbol{e}(t_k))=-v^2\boldsymbol{x}_k^{\mathrm{T}}\boldsymbol{S}\boldsymbol{x}_k+\boldsymbol{e}_k^{\mathrm{T}}\boldsymbol{S}\boldsymbol{e}_k\tag{1-9}$$

其中，参数 v 和矩阵 $\boldsymbol{S}$ 为待设计的参数及参数矩阵。文献[74]设计出的触发条件函数 f_{C} 的取值形式为

$$f_C(\boldsymbol{x}(t_k), \boldsymbol{e}(t_k)) = -\boldsymbol{x}_k^T \boldsymbol{S}_1 \boldsymbol{x}_k + \boldsymbol{e}_k^T \boldsymbol{S}_2 \boldsymbol{e}_k \tag{1-10}$$

其中，矩阵 $\boldsymbol{S}_1$ 和 $\boldsymbol{S}_2$ 为待设计的参数矩阵。从触发条件的形式上看，以上触发机制实际上是一种推广的动态门限触发机制。文献[75]研究了针对单个线性系统能够分散实现的动态门限触发机制设计方法。

为了提升 ETC 思想对被控对象的适应性，针对多种被控对象的触发机制被提出。文献[47]、[48]、[76]至[78]研究了针对非线性系统 ETC 的触发机制设计问题。其中，文献[76]基于输入到状态稳定设计了单个非线性系统的集中实现触发机制；文献[47]设计了针对单个非线性系统的分散实现固定门限触发机制；文献[48]提出了变门限自适应更新的分散实现触发机制，相对文献[47]，提高了控制性能；文献[77]针对非线性系统，提出了保证系统指数稳定的触发机制设计方法，该触发机制能确保最小事件触发时间间隔大于零；文献[78]设计了分散实现的触发机制，该触发机制能够确保事件触发时间间隔严格大于零和系统的渐近稳定，还可以实现系统控制性能、通信资源和计算资源的平衡。文献[33]至文献[37]、文献[79]至文献[81]研究了多系统的 ETC 中的事件触发机制设计问题。其中，文献[33]和文献[34]针对线性和非线性多系统 ETC 设计了分散实现动态门限事件触发机制；文献[35]至文献[37]研究了非线性多系统 ETC 中存在时延和丢包时的分布式触发机制设计问题；文献[79]研究了多系统 ETC 的集中和分散实现的事件触发机制设计方法；文献[80]详细对比了多系统集中触发机制、分布式触发机制、分布式自调节触发机制的特点；文献[81]研究了考虑量化效应情况下的触发机制设计问题。

2. 基于输出的触发机制设计

从文献数量角度看，相当多的 ETC 问题的研究是基于全状态反馈，但实际上，有些时候控制对象的状态并不能够轻易获得，故研究输出反馈 ETC (Output Feedback ETC，OF-ETC)的事件触发机制设计具有重要的现实意义。对于基于输出的触发机制设计问题可以分为以下四种情况讨论：连续有观测、连续无观测、离散有观测和离散无观测。

文献[24]讨论了连续输出反馈有观测情况下的事件触发机制设计问题；文献[38]研究了连续有观测情况下基于参考模型的事件触发机制设计方法，这一思路是文献[30]的扩展，同样存在计算量庞大的问题。文献[5]、文献[14]和文献[39]的成果是针对连续无观测 OF-ETC 的；文献[42]和文献 [82]是连续时间无观测 OF-ETC 的一类新成果，提出了一种基于输出变化偏差范数的动静混合门限触发机制，触发机制的表达式为

$$t_{k+1}=\inf\{t>t_k \mid \|\boldsymbol{e}(t)\| \geqslant \sigma \|\boldsymbol{y}(t)\| + \varepsilon\} \tag{1-11}$$

其中，σ 和 ε 分别是触发机制的动态门限参数和静态门限参数，均为正实数。$\sigma\|\boldsymbol{y}(t)\|$ 称为动态门限分量，ε 也可称为静态门限分量，文献中还讨论了这一触发机制的分散实现问题。文献[83]和文献[84]针对非线性系统，基于耗散系统理论，研究了 OF-ETC 中的动态门限事件触发机制设计问题。

文献[85]至文献[89]研究了离散有观测情况下的触发机制设计问题。其中，文献[85]是早期离散分布式状态估计的成果，它蕴含了 ETC 思想；文献[86]和文献 [87]研究了最优控制和最优估计条件下的事件触发机制的设计；文献[88]研究了输出有观测情况下跟踪控制中的触发机制设计；文献[89]设计了基于输出的分布式实现触发机制。文献[40]和文献[90]研究了离散有观测情况下基于参考模型的动态门限事件触发机制设计方法。

文献[91]研究的是离散无观测情况下基于参考模型的静态门限事件触发机制设计。文献[43]提出了离散无观测情况下 OF-ETC 的基本形式动态门限触发设计方法。Zhang 在文献[92]中采用时滞系统建模分析法[72]研究了离散无观测情况下 OF-ETC 的一类动态门限触发机制设计问题。

通过以上介绍可知，OF-ETC 的研究已取得较为丰富的成果。由于连续观测器在网络控制系统实现时相对比较困难，特别是在分布实现时，而且连续实现如果仅使用单一动态门限或静态门限，容易致使频繁的事件触发，此外事件触发采样情况下分离性原理一般不成立，故基于输出的事件触发机制设计的研究重点应放在无观测情况下的动态反馈 OF-ETC，以及离散周期监测实现的 OF-ETC(Output Feedback PETC，OF-PETC)，将更具现实意义。

1.2.2 事件触发控制系统的建模与分析

关于 ETC 系统的建模和分析研究，常用的有三种方法。

第一种方法是受扰系统方法。受扰系统方法把由事件触发引入的偏差视为干扰。受扰系统方法的基本思路是将 ETC 系统建模为如下形式：

$$\dot{\boldsymbol{x}}=f(\boldsymbol{x},\boldsymbol{w}) \tag{1-12}$$

其中，$\boldsymbol{x}\in\mathbb{R}^n$ 为系统状态，$\boldsymbol{w}\in\mathbb{R}^m$ 为干扰输入。系统(1-12)被称为受扰系统。ETC 系统的分析归结为受扰系统(1-12)的分析，一般采用输入到状态稳定(ISS)理论[93]进行分析。这类建模分析方法的优点是不仅适用于线性系统[44]，还适用于非线性系统[44,76]，同时也可用于离散情形[70]；缺点是会导致结果具有较大的保守性。

第二种方法是脉冲系统[94-95](impulsive system)方法。这是一类混杂系统方法，其基本思路是将 ETC 系统建模为如下形式的脉冲系统：

$$\begin{cases} \dot{\boldsymbol{x}} = \boldsymbol{F}\boldsymbol{x} & \boldsymbol{x} \in \mathbb{R}_F \\ \boldsymbol{x}^+ = \boldsymbol{G}\boldsymbol{x} & \boldsymbol{x} \in \mathbb{R}_D \end{cases} \tag{1-13}$$

其中，$\boldsymbol{x} \in \mathbb{R}_X \subseteq \mathbb{R}^n$ 为脉冲系统状态向量，$\mathbb{R}_F \in \mathbb{R}^n$ 代表流集(flow sets)，$\mathbb{R}_D \subseteq \mathbb{R}^n$ 为脉冲跳跃集(jump sets)，$\mathbb{R}_X = \mathbb{R}_F \cup \mathbb{R}_D$ 为系统整个状态集；然后利用脉冲系统理论分析系统的稳定性、L_∞ 增益等。

第三种方法是分段线性(Piecewise Linear, PWL)系统方法[96-97]。采用 PWL 方法分析 ETC 系统问题的文献有[43]和[89]，其基本思路是把 ETC 系统建模为如下形式的分段线性系统：

$$\boldsymbol{\chi}_{k+1} = \begin{cases} \boldsymbol{A}_1\boldsymbol{\chi}_k & C(\boldsymbol{\chi}_k) > 0 \\ \boldsymbol{A}_2\boldsymbol{\chi}_k & C(\boldsymbol{\chi}_k) \leqslant 0 \end{cases} \tag{1-14}$$

其中，$\boldsymbol{\chi}_k$ 为系统状态，$\boldsymbol{A}_1$ 和 $\boldsymbol{A}_2$ 为对应的线性系统矩阵，$C(\boldsymbol{\chi}_k)$ 为事件触发条件函数。一般采用分段 Lyapunov 函数研究系统的稳定性。

在上述三种 ETC 系统的建模和分析方法中，PWL 方法把控制系统建模为分段线性系统，一般情况下结论保守性最低；脉冲系统方法精确描述了事件触发控制的内部采样机制，所得结论保守性也相对较低；受扰系统方法通用性强，所得结论往往比较保守。

以上较为系统地介绍了 ETNC/ETC 的触发机制和系统建模与分析研究现状。关于 ETNC/ETC 综合以及应用问题，研究成果相对较少。文献[8]设计了增益规划控制器，并通过打印机伺服控制验证了方法的有效性。文献[77]和文献[34]设计了确保系统含有测量误差情况下的输入到状态的渐近和指数稳定控制器。

实际上，NCS 中除带宽受限这一缺点外，不可避免地引入了网络通信的一些其他缺点，典型的有时延、丢包和量化效应，这些网络诱导的缺点，同样会导致系统性能的下降或失稳，因此研究考虑这些通信缺点情况下的 ETC 问题具有重要意义。文献[63]和文献[44]研究了测量和更新之间存在时延的 ETC 问题。文献[35]和文献[36]研究了存在时延和丢包情况的 ETC 问题。文献[98]设计了自适应触发机制对丢包是鲁棒的 ETC 方法，并考虑了存在量化效应的情况。

我国学者在 ETC 方面的相关研究也取得了一些非常出色的成果。岳东教授在文献[72]中提出了基于时滞系统方法的 ETC 系统的建模分析方法，并提出了一类改进型的动态门限触发机制，为 ETC 的研究开辟了一条新的研究思路。基于这一研究思路，Hu 在文献[73]中研究了存在时变传输时延情况下的不确定离散时间网络控制系统的保性能 ETC，在文献[99]中研究了考虑量化和网络传输时延的线性系统 ETC，在文献[100]中研究了基于事件触发机制的 H_∞ 滤波，在文献[101]中研究了基于事件触发机制的 H_∞ 跟踪控制，在文献[102]中研究了非线性系统的 PETC。Peng 在文献[103]中研究了触发机制参数和 L_2 控制器的联合设计问题，在文献[104]中研究了事件触发的通信和 H_∞ 的联合设计问题，在文献[105]中研究了周期事件触发机制下的网络化 H_∞ 滤波问题。岳东等在文献[106]中研究了基于事件触发机制的预测控制问题。Yin 和 Hu 等在文献[107]至文献[110]中研究了基于事件触发的多智能体系统的跟踪控制和一致性控制问题。Li 研究了动态解耦系统的周期事件触发分布式滚动时域控制(Distributed Receding Horizon Control，DRHC)问题[111]和连续非线性系统的模型预测事件触发控制问题[112]。文献[74]中研究了周期事件触发的状态及输出反馈控制。文献[113]利用 T－S 模糊模型和时滞系统分析方法研究了非线性网络控制系统的 ETC 问题。Yan 在文献[114]和文献[115]中分别研究了时滞系统的事件触发 H_∞ 控制和滤波问题，在文献[116]中研究了量化 L_2 控制器设计问题。Li 研究了事件触发机制和控制器的联合设计问题[117]以及线性参变系统的事件触发控制问题[118]。李炜研究了事件触发的 NCS 鲁棒完整性设计问题[119]。Zhao 研究了事件触发采样传感器网络的滤波问题[120]。

第 2 章　状态反馈连续事件触发控制(SF-CETC)系统分析与设计

本章主要讨论线性系统采用连续监测的 SF-CETC 时，事件触发机制设计和系统建模分析问题。关于这一问题已经诞生了许多有意义的研究成果[21-23,35]，其中文献[35]提出的动态门限触发机制以及 ISS 理论系统建模与分析法，具有重要的参考意义。文献[35]实现的 ETC 系统，具有含义明确、控制中动态跟随能力比较强的优点，但文中所给结论比较保守，距离系统实际所能稳定的条件还有一定差距，该文未给出相对优化的触发机制参数确定方法。此外，在 SF-CETC 系统设计中，采用单一的静态门限或动态门限事件触发机制时，可能产生 Zeno 现象，如何克服 Zeno 现象的出现，是工程实现时必须解决的问题，特别是采用连续监测时，需引起足够的重视。鉴于此，本章第 2 节，针对线性时不变(LTI)被控对象，基于文献[35]的触发机制形式和设计思路，将系统建模为一个受扰系统，然后利用 ISS 理论研究系统的稳定性问题，不同于文献[35]，本章是直接设计 ISS 定理中相关函数的形式，从而得到一种可求优化解的触发机制参数确定方法。本章第 3 节，针对线性时不变(LTI)被控对象，受文献[68]的启发，提出了一种基于状态的动态门限和静态门限相结合的事件触发机制来克服 SF-CETC 可能产生 Zeno 现象的问题，然后利用脉冲系统理论研究控制系统的稳定性分析和触发机制门限参数的选取问题，在此基础上提出了能够自适应调整静态门限参数的变门限触发机制来提高系统稳态控制性能。

2.1　SF-CETC 问题描述

考虑如下线性时不变(Linear Time-Invariant，LTI)被控对象：

$$\dot{x}(t)=\boldsymbol{A}\boldsymbol{x}(t)+\boldsymbol{B}\boldsymbol{u}(t) \tag{2-1}$$

其中，其中矩阵 $\boldsymbol{A}$ 和 $\boldsymbol{B}$ 为对应的系数矩阵，$\boldsymbol{x}\in\mathbb{R}^n$ 代表被控对象的状态，$\boldsymbol{u}\in$

$\mathbb{R}^n$ 代表控制输入。假定对象采用如下连续状态反馈控制器：

$$u = Kx \tag{2-2}$$

闭环系统会渐近稳定，则 $A + BK$ 为 Hurwitz 矩阵。

为使研究更具针对性和实用性，研究采用图 2-1 所示的 SF-CETC 系统，即假定控制器和被控对象之间是较为理想的物理联通，它们之间的信息传递不受任何限制(或可忽略)，即不存在时延、带宽和量化等不利因素的影响；而被控对象的测量输出与控制器信息传递是受限制的，需要采用事件触发机制来降低采样和信息传递次数，系统工作时，只有事件发生时刻 t_k 才执行采样和信息传递。

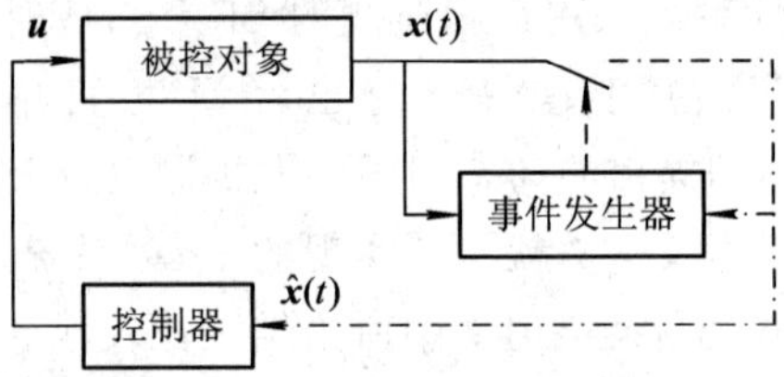

图 2-1　SF-CETC 系统示意图

这样，系统的实际控制输入变为

$$u(t) = Kx(t_k) = K\hat{x}_k \quad (t_k, t_{k+1}] \tag{2-3}$$

其中，$\hat{x}_k \in \mathbb{R}^n$ 为 $x(t)$ 在事件触发时刻 t_k 的采样值，除了 $t_0 = 0$ 外，其他触发时刻 t_k 由相应的触发机制决定。定义系统上一采样时刻状态和当前状态偏差为

$$e(t) = x(t_k) - x(t) = \hat{x}_k - x(t) \tag{2-4}$$

基于状态偏差的动态门限触发机制[35]为

$$t_{k+1} = \inf\{t > t_k \mid \| e(t) \| \geqslant \sigma \| x(t) \| \} \tag{2-5}$$

前面分析可知触发机制式(2-5)在实际应用中具有容易导致 Zeno 现象的缺点，为了克服这一缺点，本章设计了基于状态的动静混合的触发机制，形式为

$$t_{k+1} = \inf\{t > t_k \mid \| e(t) \| \geqslant \sigma \| x(t) \| + \varepsilon \} \tag{2-6}$$

其中，σ 和 ε 是触发机制的动态门限参数和静态门限参数，均为正实数。本章把 $\sigma \| x(t) \|$ 称为动态门限分量，ε 也可称为静态门限分量可看出式(2-6)的触发机制实际上是动态门限触发和静态门限两种触发机制的结合，当 σ 取 0 时，式(2-6)就退化为静态门限触发机制，而当 ε 取 0 时式(2-6)就退化为动态门限触发机制。直观上讲，式(2-6)触发机制当系统状态变化比较剧烈时，

有动态分量可避免 Zeno 现象，当系统状态接近平衡点时有静态分量可克服 Zeno 现象的发生。

本章的目的主要是解决如下三个问题：

问题 2.1　式(2－1)、式(2－3)和式(2－5)构成的事件触发控制系统，建模为受扰系统后，确保系统稳定的触发机制式(2－5)中触发门限的参数如何实现最优化选择？

问题 2.2　针对式(2－1)、式(2－3)和式(2－6)所构成的事件触发控制系统，如何建模为式 (1－13)的脉冲系统，保证系统稳定的参数 σ 和 ε 的值如何选取？

问题 2.3　静态门限参数的 ε 取值对系统最终稳定区域大小有明显影响，如何进一步减小系统最终稳定区域？

2.2　基于 ISS 理论的 SF-CETC 系统分析与设计

本节着重解决问题 2.1，为了更加清晰地描述这一问题的解决思路，首先简单介绍一下 ISS 基础理论知识。

2.2.1　ISS 基础知识

系统式(1－12)输入非零时，系统全局渐进稳定一般难以满足，所以一般研究系统的 ISS。ISS 理论是由 Sontag 提出的一种用于非线性系统稳定性分析的理论[100]，下面给出有关该理论的一些基本知识。

定义 2.1　如果函数 α 在 $[0,a)\rightarrow[0,\infty)$ 是连续严格递增的，并且有 $\alpha(0)=0$，则称其为 K 类函数，也称楔类函数；如果 K 类函数 $\alpha(t)$，有 $\lim\limits_{t\rightarrow+\infty}\alpha(t)=+\infty$ 则称函数 $\alpha(t)$ 为 K_∞ 类函数。

定义 2.2　如果函数 β 在 $[0,a)\times[0,\infty)\rightarrow[0,\infty)$ 是连续的，对于固定的 s，函数 $\beta(r,s)$ 属于 K 类函数，而对于固定的 r，函数 $\beta(r,s)$ 为递减函数，并且有 $\lim\limits_{s\rightarrow+\infty}\beta(r,s)=0$，则 β 为 KL 类函数。

定义 2.3　如果存在函数 $\beta\in KL$ 和 $\gamma\in K$，对所有的初始状态 $\boldsymbol{x}(0)\in\mathbb{R}^n$ 和有界输入 $\boldsymbol{w}(t)$，$\sup\limits_{t\in[0,\infty)}|\boldsymbol{w}(t)|<\infty$，对于 $t>0$，系统式(1－12)的解存在且满足

$$\|\boldsymbol{x}(t)\|\leqslant\beta(\|\boldsymbol{x}(0)\|,t)+\gamma(\|\boldsymbol{w}(t)\|_{L_\infty})\tag{2-7}$$

则称式(1－12)系统 ISS。

引理 2.1 如果存在连续可微函数 $V:\mathbb{R}^n \to \mathbb{R}$ 对所有的 $\boldsymbol{x} \in \mathbb{R}^n$ 和 $\boldsymbol{u} \in \mathbb{R}^m$ 满足

$$\underline{\alpha}(\|\boldsymbol{x}\|) \leqslant V(\boldsymbol{x}) \leqslant \bar{\alpha}(\|\boldsymbol{x}\|) \tag{2-8}$$

$$\frac{\partial V}{\partial \boldsymbol{x}} f(\boldsymbol{x}, \boldsymbol{u}) \leqslant -\alpha_x(\|\boldsymbol{x}\|) + \alpha_u(\|\boldsymbol{w}\|) \tag{2-9}$$

其中 $\underline{\alpha}$、$\bar{\alpha}$、α_x 是 K_∞ 类函数，α_u 是 K 函数，则式(1-12)系统是 ISS。

基于以上的描述，解决问题 2.1 的具体方法是，将式(2-1)、式(2-3)和式(2-5)所描述的 ETC 系统，建模为式(1-12)的受扰系统，然后基于引理 2.1，通过构建能量函数 $V(\boldsymbol{x})$ 以及式(2-9)中右边的函数，研究系统稳定性分析以及保证系统稳定的参数 σ 的选取，并给出可实现最优化求解的线性矩阵不等式形式的结论。

2.2.2 系统建模

为了实现 ISS 分析，可把式(2-1)、式(2-3)和式(2-5)所描述的 ETC 系统等效为图 2-2 所示形式，也就是把由事件触发引入的偏差 $\boldsymbol{e}(t)$ 看作是连续闭环系统的一个干扰输入，把状态看作是系统的输出。对应的闭环模型为

$$\begin{aligned}\dot{\boldsymbol{x}}(t) &= \boldsymbol{A}\boldsymbol{x}(t) + \boldsymbol{BK}\boldsymbol{x}(t_k) \\ &= (\boldsymbol{A} + \boldsymbol{BK})\boldsymbol{x}(t) + \boldsymbol{BK}\boldsymbol{e}(t) \quad t \in (t_k, t_{k+1}]\end{aligned} \tag{2-10}$$

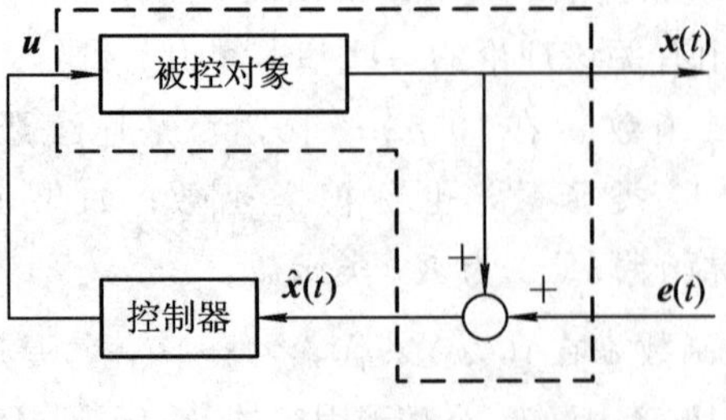

图 2-2 SF-CETC 系统等效示意图

2.2.3 系统稳定结论

定理 2.1 系统(2-10)对事件触发引入的偏差 $\boldsymbol{e}(t)$ ISS 的条件是：存在正定对称矩阵 $\boldsymbol{P} > 0$ 满足如下线性矩阵不等式

$$\begin{bmatrix} (\boldsymbol{A} + \boldsymbol{BK})^{\mathrm{T}}\boldsymbol{P} + \boldsymbol{P}(\boldsymbol{A} + \boldsymbol{BK}) + \boldsymbol{I} & \boldsymbol{PBK} \\ \boldsymbol{K}^{\mathrm{T}}\boldsymbol{B}^{\mathrm{T}}\boldsymbol{P} & -\gamma^2\boldsymbol{I} \end{bmatrix} \leqslant \boldsymbol{0} \tag{2-11}$$

证明　令 $\boldsymbol{V}(\boldsymbol{x})=\boldsymbol{x}^{\mathrm{T}}\boldsymbol{P}\boldsymbol{x}$，显然满足公式(2－8)条件，令 $\alpha_x(\|\boldsymbol{x}\|)=\|\boldsymbol{x}\|^2$，$\alpha_u(\|\boldsymbol{e}\|)=\gamma^2\|\boldsymbol{e}\|^2$，其中 γ 为正实数，显然 α_x 是 K_∞ 类函数，α_u 是 K 函数。

ISS 条件式(2－9)变成如下形式：

$$\frac{\partial V}{\partial \boldsymbol{x}}f(\boldsymbol{x},\boldsymbol{e})\leqslant-\|\boldsymbol{x}\|^2+\gamma^2\|\boldsymbol{e}\|^2 \tag{2-12}$$

结合系统模型式(2－10)，上式变为如下形式：

$$\begin{aligned}\frac{\partial V}{\partial \boldsymbol{x}}f(\boldsymbol{x},\boldsymbol{e})&=\dot{V}=\dot{\boldsymbol{x}}^{\mathrm{T}}\boldsymbol{P}\boldsymbol{x}+\boldsymbol{x}^{\mathrm{T}}\boldsymbol{P}\dot{\boldsymbol{x}}\\&=(\boldsymbol{x}^{\mathrm{T}}(\boldsymbol{A}+\boldsymbol{B}\boldsymbol{K})^{\mathrm{T}}+\boldsymbol{e}^{\mathrm{T}}(\boldsymbol{B}\boldsymbol{K})^{\mathrm{T}})\boldsymbol{P}\boldsymbol{x}+\boldsymbol{x}^{\mathrm{T}}\boldsymbol{P}((\boldsymbol{A}+\boldsymbol{B}\boldsymbol{K})\boldsymbol{x}+\boldsymbol{B}\boldsymbol{K}\boldsymbol{e})\\&=\boldsymbol{x}^{\mathrm{T}}((\boldsymbol{A}+\boldsymbol{B}\boldsymbol{K})^{\mathrm{T}}\boldsymbol{P}+\boldsymbol{P}(\boldsymbol{A}+\boldsymbol{B}\boldsymbol{K}))\boldsymbol{x}+\boldsymbol{e}^{\mathrm{T}}\boldsymbol{K}^{\mathrm{T}}\boldsymbol{B}^{\mathrm{T}}\boldsymbol{P}\boldsymbol{x}+\boldsymbol{x}^{\mathrm{T}}\boldsymbol{P}\boldsymbol{B}\boldsymbol{K}\boldsymbol{e}\\&=[\boldsymbol{x}^{\mathrm{T}}\quad \boldsymbol{e}^{\mathrm{T}}]\begin{bmatrix}(\boldsymbol{A}+\boldsymbol{B}\boldsymbol{K})^{\mathrm{T}}\boldsymbol{P}+\boldsymbol{P}(\boldsymbol{A}+\boldsymbol{B}\boldsymbol{K}) & \boldsymbol{P}\boldsymbol{B}\boldsymbol{K}\\ \boldsymbol{K}^{\mathrm{T}}\boldsymbol{B}^{\mathrm{T}}\boldsymbol{P} & 0\end{bmatrix}\begin{bmatrix}\boldsymbol{x}\\ \boldsymbol{e}\end{bmatrix}\end{aligned}$$

又因

$$-\|\boldsymbol{x}\|^2+\gamma^2\|\boldsymbol{e}\|^2=[\boldsymbol{x}^{\mathrm{T}}\quad \boldsymbol{e}^{\mathrm{T}}]\begin{bmatrix}-\boldsymbol{I} & 0\\ 0 & \gamma^2\boldsymbol{I}\end{bmatrix}\begin{bmatrix}\boldsymbol{x}\\ \boldsymbol{e}\end{bmatrix}$$

显然线性矩阵不等式(2－11)成立就能确保公式(2－12)成立，也就是保证了系统式(2－10)偏差 $\boldsymbol{e}(t)$ ISS，证毕。

推论 2.1　式(2－1)、式(2－3)和式(2－5)描述的事件触发控制系统，能够获取最大触发间隔的触发条件的参数 σ 的取值条件是 $\sigma=1/\gamma_{\min}$，其中 $\gamma_{\min}$ 为定理 2.1 条件成立时的 γ 最小取值。

证明　依据触发条件式(2－5)，显然 σ 的取值越大事件触发间隔越大，由触发条件可得 $-\|\boldsymbol{x}(t)\|^2+\frac{1}{\sigma^2}\|\boldsymbol{e}(t)\|^2\leqslant 0$ 成立，而系统式(2－10)ISS 的条件之一是式(2－12)成立，比较可得 $\gamma=\sigma^{-1}$，显然 γ 取最小值的时候，σ 能够取最大值，也就是能够获取最大触发间隔。

推论 2.2　式(2－1)、式(2－3)和式(2－5)描述的事件触发控制系统的最小执行间隔满足 $T_{\min}\geqslant\frac{\sigma}{L(1+\sigma)}$，其中 $L=\|[\boldsymbol{A}+\boldsymbol{B}\boldsymbol{K}\quad \boldsymbol{B}\boldsymbol{K}]\|$。

证明　依据文献[35]的思路，在更新时刻 t_k，有 $\boldsymbol{e}(t_k)=0$，在下一事件发生的这一时间段内，偏差与状态的绝对值之比 $|\boldsymbol{e}|/|\boldsymbol{x}|$ 将由 0 变化到 σ，产生下一个触发时刻。而 $|\boldsymbol{e}|/|\boldsymbol{x}|$ 的动态变化受如下限制：

$$\frac{\mathrm{d}}{\mathrm{d}t}\frac{|\boldsymbol{e}|}{|\boldsymbol{x}|}=\frac{\mathrm{d}}{\mathrm{d}t}\frac{(\boldsymbol{e}^{\mathrm{T}}\boldsymbol{e})^{\frac{1}{2}}}{(\boldsymbol{x}^{\mathrm{T}}\boldsymbol{x})^{\frac{1}{2}}}=\frac{(\boldsymbol{e}^{\mathrm{T}}\boldsymbol{e})^{-\frac{1}{2}}\boldsymbol{e}^{\mathrm{T}}\dot{\boldsymbol{e}}(\boldsymbol{x}^{\mathrm{T}}\boldsymbol{x})^{\frac{1}{2}}-(\boldsymbol{x}^{\mathrm{T}}\boldsymbol{x})^{-\frac{1}{2}}\boldsymbol{x}^{\mathrm{T}}\dot{\boldsymbol{x}}(\boldsymbol{e}^{\mathrm{T}}\boldsymbol{e})^{\frac{1}{2}}}{\boldsymbol{x}^{\mathrm{T}}\boldsymbol{x}}$$

$$=-\frac{\boldsymbol{e}^{\mathrm{T}}\dot{\boldsymbol{x}}}{|\boldsymbol{e}||\boldsymbol{x}|}-\frac{\boldsymbol{x}^{\mathrm{T}}\dot{\boldsymbol{x}}}{|\boldsymbol{x}||\boldsymbol{x}|}\frac{|\boldsymbol{e}|}{|\boldsymbol{x}|}$$

$$\leqslant\frac{|\boldsymbol{e}||\dot{\boldsymbol{x}}|}{|\boldsymbol{e}||\boldsymbol{x}|}+\frac{|\boldsymbol{x}||\dot{\boldsymbol{x}}|}{|\boldsymbol{x}||\boldsymbol{x}|}\frac{|\boldsymbol{e}|}{|\boldsymbol{x}|}=\frac{|\dot{\boldsymbol{x}}|}{|\boldsymbol{x}|}\left(1+\frac{|\boldsymbol{e}|}{|\boldsymbol{x}|}\right)$$

$$\leqslant\frac{L|\boldsymbol{x}|+L|\boldsymbol{e}|}{|\boldsymbol{x}|}\left(1+\frac{|\boldsymbol{e}|}{|\boldsymbol{x}|}\right)=L\left(1+\frac{|\boldsymbol{e}|}{|\boldsymbol{x}|}\right)\left(1+\frac{|\boldsymbol{e}|}{|\boldsymbol{x}|}\right)$$

对于系统式(2-10)，Lipschitz 常数为 $L=\|[\boldsymbol{A}+\boldsymbol{BK}\quad \boldsymbol{BK}]\|$。取 $\Phi=|\boldsymbol{e}|/|\boldsymbol{x}|$，可得微分方程

$$\dot{\Phi}\leqslant L(1+\Phi)^2 \tag{2-13}$$

依据在更新时刻 $t_0=0$，有 $\boldsymbol{e}(0)=0$，这样 $\Phi(0)=0$，可得式(2-13)等号成立时微分方程解为

$$\Phi(t)=\frac{-Lt}{Lt-1}$$

因以上函数在 $[0,1/L)$ 的取值是递增的，又因在最小间隔的事件触发时刻有 $\Phi(t)=\sigma$，因此最小事件触发间隔 $T_{\min}$ 满足

$$T_{\min}\geqslant\frac{\sigma}{L(1+\sigma)} \tag{2-14}$$

2.2.4 数值仿真

考虑形如式(2-1)和式(2-2)的线性系统，为了便于比较说明，其系数矩阵与文献[35]中的取值一致，具体如下：

$$\boldsymbol{A}=\begin{bmatrix}0 & 1\\ -2 & 3\end{bmatrix},\quad \boldsymbol{B}=\begin{bmatrix}0\\ 1\end{bmatrix},\quad \boldsymbol{K}=[1\quad -4]$$

1. 结论正确性验证仿真

验证定理 2.1 和推论 2.1 正确性的仿真分两步：一是利用 MATLAB LMI 工具箱编写代码求解定理 2.1 中线性矩阵不等式优化结果，具体方法是定义变量 $\boldsymbol{P}$，用相关函数描述定理 2.1 中的条件，然后寻找使线性矩阵不等式可行解存在的最小参数 γ，可手动实现，也可编程实现；二是采用上一步所得结果上限值设计触发机制，设置非零的初始状态，验证事件触发控制的渐近稳定性。

仿真结果：保证定理 2.1 中不等式成立的 LMI 优化结果为 $\gamma_{\min}=6.07$，将

$\sigma=\gamma^{-1}=0.1647$ 代入触发机制式(2－5)，令初始状态 $\boldsymbol{x}_0=[3.1\quad 3.1]$，所得的状态演化曲线如图 2－3 所示。显然图中状态曲线是收敛的，也就是说系统是渐近稳定的，这证实了定理 2.1 和推论 2.2 的正确性。

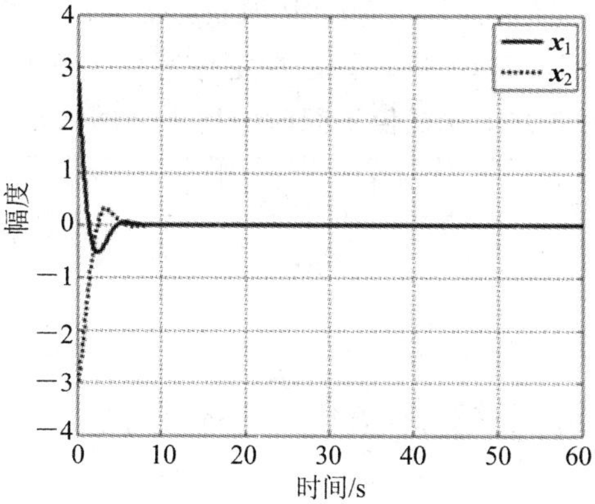

图 2－3　SF-CETC 状态演化曲线

2. 结论低保守性验证对比仿真

下面将本节结论与文献[35]结论进行对比仿真，验证本节方法的低保守性。对比以下几项内容：参数 σ，推论 2.2 计算得到的最小间隔下界 $\sigma/L(1+\sigma)$，仿真得到的最小间隔 $h_{\min}$，最大间隔 $h_{\max}$，平均间隔 h_{mean}。结果如表 2－1 所示，显然本节的方法可得到较大的触发条件参数 σ、较大的理论计算最小事件触发间隔、仿真所得最小事件触发间隔、最大事件触发间隔以及较大的平均事件触发间隔，表明本节方法设计 SF-ETC 所用采样次数更少，克服带宽受限问题效果更明显。说明本节方法较文献[35]的方法更加有效，所给结论的保守性更低。

表 2－1　两种方法所得仿真结果

	σ	$\sigma/L(1+\sigma)$	$h_{\min}$/s	$h_{\max}$/s	h_{mean}/s
文献[35]	0.05	0.0109	0.0291	0.0782	0.0445
本节方法	0.1647	0.0447	0.0838	0.2418	0.1290

3. 推论 2.1 保守性度量仿真

采用式(2－5)的触发条件形式，令初始状态 $\boldsymbol{x}_0=[3.1\quad 3.1]$，考察 σ 取不同值的情况下系统的收敛特性，从而推论 2.1 的保守性。仿真中 σ 的取值如表

2-2 第一栏所示，采用各取值仿真所得平均间隔 h_{mean} 如表 2-2 第二栏所示。仿真结果表明，参数 σ 的最大取值为 0.68 的情况下系统状态曲线也是收敛的，这明显大于本文推论 2.1 所得的结论。也就是说保证系统稳定的触发条件参数 σ 实际可取比推论 2.1 结论更大的值，从而获得更大的平均采样间隔 h_{mean}，这说明推论 2.1 的结论较系统实际的渐近稳定界还存在一定的保守性。

表 2-2 σ 取值不同时所得平均间隔 h_{mean}

σ	0.05	0.1	0.2	0.1	0.68
h_{mean}/s	0.0445	0.0844	0.1504	0.2865	0.3315

2.3 基于脉冲系统方法的 SF-CETC 系统分析与设计

本节着重解决问题 2.2 和问题 2.3，具体方法是，将式(2-1)、式(2-3)和式(2-6)所描述的 ETC 系统，建模为式(1-13)的脉冲系统，然后基于脉冲系统理论[102-103]，研究系统稳定性分析以及保证系统稳定的触发门限参数 σ 和 ε 的取值问题，并给出便于求解的线性矩阵不等式形式。

2.3.1 系统建模

依据式(2-6)可知，当 $\|\boldsymbol{e}(t)\|^2<\sigma\|\boldsymbol{x}(t)\|^2+\varepsilon$ 成立时，系统工作在连续时间状态，对应的状态属于流集内；而当 $\|\boldsymbol{e}(t)\|^2=\sigma\|\boldsymbol{x}(t)\|^2+\varepsilon$ 时事件发生，也就是此时状态要发生跳变，对应状态属于跳变集。经以上分析，可定义如下的流集和跳变集：

$$
\begin{aligned}
\mathbb{R}_F := \left\{\boldsymbol{\chi}\in\mathbb{R}^{2n}\;\middle|\;\boldsymbol{\chi}^{\mathrm{T}}\begin{bmatrix}-\sigma\boldsymbol{I} & \boldsymbol{0}\\ \boldsymbol{0} & \boldsymbol{I}\end{bmatrix}\boldsymbol{\chi}-\varepsilon\boldsymbol{I}\leqslant\boldsymbol{0}\right\}\\
\mathbb{R}_D := \left\{\boldsymbol{\chi}\in\mathbb{R}^{2n}\;\middle|\;\boldsymbol{\chi}^{\mathrm{T}}\underbrace{\begin{bmatrix}-\sigma\boldsymbol{I} & \boldsymbol{0}\\ \boldsymbol{0} & \boldsymbol{I}\end{bmatrix}}_{=:\Gamma}\boldsymbol{\chi}-\varepsilon\boldsymbol{I}=\boldsymbol{0}\right\}
\end{aligned}
\tag{2-15}
$$

其中，$\boldsymbol{\chi}:=[\boldsymbol{x}^{\mathrm{T}}\quad \boldsymbol{e}^{\mathrm{T}}]^{\mathrm{T}}$ 为脉冲系统的状态。

当系统触发条件不满足时，即系统状态属于流集 $\mathbb{R}_F$ 时，系统状态演化规律如下：

$$\dot{\boldsymbol{x}}(t)=(\boldsymbol{A}+\boldsymbol{BK})\boldsymbol{x}(t)+\boldsymbol{BKe}(t)\quad (t_k,t_{k+1}] \tag{2-16}$$

$$\dot{\boldsymbol{e}}(t)=-\dot{\boldsymbol{x}}(t)=-(\boldsymbol{A}+\boldsymbol{BK})\boldsymbol{x}(t)-\boldsymbol{BKe}(t)\quad (t_k,t_{k+1}] \tag{2-17}$$

而在事件触发时刻，要发生状态更新，系统状态发生跳变，此时状态演化规则为

$$\boldsymbol{x}^+(t)=\boldsymbol{x}(t) \tag{2-18}$$

$$\boldsymbol{e}^+(t)=\boldsymbol{0} \tag{2-19}$$

合并以上四式，形成如式(1-13)的事件触发脉冲系统模型：

$$\Sigma:\begin{cases}\dot{\boldsymbol{\chi}}=\underbrace{\begin{bmatrix}\boldsymbol{A}+\boldsymbol{BK} & \boldsymbol{BK}\\ -\boldsymbol{A}-\boldsymbol{BK} & -\boldsymbol{BK}\end{bmatrix}}_{=:\boldsymbol{F}}\boldsymbol{\chi} & 若\ \boldsymbol{\chi}\in\mathbb{R}_{\mathrm{F}}\\ \boldsymbol{\chi}^+=\underbrace{\begin{bmatrix}\boldsymbol{I} & \boldsymbol{0}\\ \boldsymbol{0} & \boldsymbol{0}\end{bmatrix}}_{=:\boldsymbol{G}}\boldsymbol{\chi} & 若\ \boldsymbol{\chi}\in\mathbb{R}_{\mathrm{D}}\end{cases} \tag{2-20}$$

2.3.2　系统稳定结论

定理 2.2　事件触发脉冲系统式(2-20)对所有的初始条件 $\boldsymbol{\chi}_0\in\mathbb{R}_{\mathrm{F}}\cup\mathbb{R}_{\mathrm{D}}$ 全局渐近稳定的条件是：存在连续可微函数 $V(\boldsymbol{\chi}):\mathbb{R}^{2n}\rightarrow\mathbb{R}$，且满足 $V(\boldsymbol{0})=0$，存在正值函数 s_1 和 s_2，存在函数 s_3，对所有的 $\boldsymbol{\chi}\in\mathbb{R}^{2n}\backslash\{\boldsymbol{0}\}$ 满足

$$V(\boldsymbol{\chi})+s_1(\boldsymbol{\chi})(\boldsymbol{\chi}^{\mathrm{T}}\boldsymbol{\Gamma}\boldsymbol{\chi}-\varepsilon)>0 \tag{2-21}$$

$$\frac{\partial}{\partial\boldsymbol{\chi}}V(\boldsymbol{\chi})\boldsymbol{F}\boldsymbol{\chi}-s_2(\boldsymbol{\chi})(\boldsymbol{\chi}^{\mathrm{T}}\boldsymbol{\Gamma}\boldsymbol{\chi}-\varepsilon)<0 \tag{2-22}$$

$$V(\boldsymbol{G}\boldsymbol{\chi})-V(\boldsymbol{\chi})+s_3(\boldsymbol{\chi})(\boldsymbol{\chi}^{\mathrm{T}}\boldsymbol{\Gamma}\boldsymbol{\chi}-\varepsilon)\leqslant 0 \tag{2-23}$$

证明　依据文献[103]的定理 20，假如 $\boldsymbol{\chi}\in\mathbb{R}_{\mathrm{F}}$，则有 $\boldsymbol{\chi}^{\mathrm{T}}\boldsymbol{\Gamma}\boldsymbol{\chi}-\varepsilon<0$，依据式(2-21)则有 $V(\boldsymbol{\chi})>0$，对于所有的 $\boldsymbol{\chi}\neq 0$，基于式(2-22)有 $\frac{\partial}{\partial\boldsymbol{\chi}}V(\boldsymbol{\chi})\boldsymbol{F}\boldsymbol{\chi}<0$，也就是说脉冲系统在流集上存在的 Lyapunov 函数是严格递减的。假如 $\boldsymbol{\chi}\in\mathbb{R}_{\mathrm{D}}$，则有 $\boldsymbol{\chi}^{\mathrm{T}}\boldsymbol{\Gamma}\boldsymbol{\chi}-\varepsilon=0$，基于式(2-23)则有 $V(\boldsymbol{G}\boldsymbol{\chi})-V(\boldsymbol{\chi})\leqslant 0$，也就是说 Lyapunov 函数在脉冲系统的跳变集上是非增的。证毕。

定理 2.3　事件触发脉冲系统式(2-20)对所有的初始条件 $\boldsymbol{\chi}_0\in\mathbb{R}_{\mathrm{F}}\cup\mathbb{R}_{\mathrm{D}}$ 全局渐近稳定的条件是：存在正定矩阵 $\boldsymbol{P}$，标量 $v_1\geqslant 0$，$v_2\geqslant 0$ 和 v_3，满足

$$\boldsymbol{P}+v_1(\boldsymbol{\Gamma}-\varepsilon\boldsymbol{I})>\boldsymbol{0} \tag{2-24}$$

$$\boldsymbol{F}^{\mathrm{T}}\boldsymbol{P}+\boldsymbol{P}\boldsymbol{F}-v_2(\boldsymbol{\Gamma}-\varepsilon\boldsymbol{I})<\boldsymbol{0} \tag{2-25}$$

$$\boldsymbol{G}^{\mathrm{T}}\boldsymbol{P}\boldsymbol{G}-\boldsymbol{P}+v_3(\boldsymbol{\Gamma}-\varepsilon\boldsymbol{I})\leqslant\boldsymbol{0} \tag{2-26}$$

证明　定义 $V(\boldsymbol{\chi})=\boldsymbol{\chi}^{\mathrm{T}}\boldsymbol{P}\boldsymbol{\chi}$，$s_1(\boldsymbol{\chi})=v_1\geqslant 0$，$s_2(\boldsymbol{\chi})=v_2\geqslant 0$，$s_3(\boldsymbol{\chi})=v_3$，

则可由定理 2.2 中式(2－21)～式(2－23)的形式得到定理 2.3 中式(2－24)～式(2－25)的形式。证毕。

注释：通过不断调整 σ 和 ε 取值，考察定理 2.3 中线性矩阵不等式的可行解问题，即可得到保证系统稳定的事件触发机制门限参数。

推论 2.3 如果存在正定矩阵 $\boldsymbol{P}=\boldsymbol{P}_0$，且标量 $v_1\geqslant 0$，$v_2\geqslant 0$ 和 v_3，$\sigma=\sigma_0$，$\varepsilon=\varepsilon_0>0$ 满足式(2－24)～式(2－25)，则在 $0<\varepsilon\leqslant\varepsilon_0$，$0<\sigma\leqslant\sigma_0$ 的情况下，事件触发控制系统式(2－20)对所有的初始条件 $\boldsymbol{\chi}_0\in\mathbb{R}_{\mathrm{F}}\cup\mathbb{R}_{\mathrm{D}}$ 全局渐近稳定。

证明 因为 $0<\sigma\leqslant\sigma_0$，则有

$$\boldsymbol{\Gamma}=\begin{bmatrix}-\sigma\boldsymbol{I} & 0\\ 0 & \boldsymbol{I}\end{bmatrix}\geqslant\begin{bmatrix}-\sigma_0\boldsymbol{I} & 0\\ 0 & \boldsymbol{I}\end{bmatrix}=\boldsymbol{\Gamma}_0$$

又因 $0<\varepsilon\leqslant\varepsilon_0$，则有

$$\boldsymbol{P}_0+v_1(\boldsymbol{\Gamma}-\varepsilon\boldsymbol{I})\geqslant\boldsymbol{P}_0+v_1(\boldsymbol{\Gamma}_0-\varepsilon_0\boldsymbol{I})>\boldsymbol{0}$$

$$\boldsymbol{F}^{\mathrm{T}}\boldsymbol{P}+\boldsymbol{PF}-v_2(\boldsymbol{\Gamma}-\varepsilon\boldsymbol{I})\leqslant\boldsymbol{F}^{\mathrm{T}}\boldsymbol{P}+\boldsymbol{PF}-v_2(\boldsymbol{\Gamma}_0-\varepsilon_0\boldsymbol{I})<\boldsymbol{0}$$

此外，又因 $\varepsilon>0$，则必然存在标量 v_4 满足 $v_4(\boldsymbol{\Gamma}-\varepsilon\boldsymbol{I})\leqslant v_3(\boldsymbol{\Gamma}_0-\varepsilon_0\boldsymbol{I})$，因此有

$$\boldsymbol{G}^{\mathrm{T}}\boldsymbol{PG}-\boldsymbol{P}+v_4(\boldsymbol{\Gamma}-\varepsilon\boldsymbol{I})\leqslant\boldsymbol{G}^{\mathrm{T}}\boldsymbol{PG}-\boldsymbol{P}+v_3(\boldsymbol{\Gamma}_0-\varepsilon_0\boldsymbol{I})\leqslant\boldsymbol{0}$$

依据定理 2.3 可得系统稳定结论。证毕。

2.3.3 改进的触发机制

依据推论 2.3，当选定能够使系统稳定的触发机制参数 $\sigma=\sigma_0$，$\varepsilon=\varepsilon_0>0$ 后，ε 在 $(0,\varepsilon_0]$ 范围内任意取值时均能够保证系统稳定。前文分析可知，ε 取值直接影响到最终稳定区域的大小，在实际控制中期望系统的最终稳定区域越小越好，因这意味着控制越精准，这就要求 ε 取值越小越好，但这可能会导致事件的频繁触发，即 Zeno 现象的发生。为了科学合理地实现精准控制而又同时避免事件的频繁触发，提出如下的变门限触发机制。

除 $t_0=0$ 时刻外，其他事件触发时刻触发条件描述如下：

当式(2－6)中触发条件满足并且触发时间间隔 T_{act} 满足 $T_{\min}\leqslant T_{\mathrm{act}}<T_{\max}$ 或时间间隔 $T_{\mathrm{act}}=T_{\max}$ 时，事件发生，即满足如下公式：

$$(\|\boldsymbol{e}(t)\|\geqslant\sigma\|\boldsymbol{x}(t)\|+\varepsilon \text{ 且 } T_{\min}\leqslant T_{\mathrm{act}}<T_{\max})\text{ 或 }T_{\mathrm{act}}=T_{\max}\tag{2-27}$$

门限变化的规则是：如果有连续 N 次 $T_{\mathrm{act}}=T_{\min}$ 且 $\|\boldsymbol{e}(t)\|\geqslant\sigma\|\boldsymbol{x}(t)\|+\varepsilon$，则静态门限 ε 增大，但 ε 最大取值为 ε_0，具体方法可采用增量递增方法

$\varepsilon=\varepsilon+h_{\varepsilon}$ 或者倍增方法 $\varepsilon=2\varepsilon$；如果有连续 N 次 $T_{act}=T_{max}$ 且 $\varepsilon>0$，则静态门限减小，但 ε 取值要始终大于零，具体方法可采用增量递减方法 $\varepsilon=\varepsilon-h_{\varepsilon}$ 或者倍减方法 $\varepsilon=\varepsilon/2$。其中 h_{ε} 为门限变化增量；T_{min} 是系统所允许的最小事件触发时间间隔，取值受到控制系统通信网络传输能力的限制，如网络帧频率；T_{max} 是设置的最大事件触发时间间隔，目的有两个：一是辅助实现静态门限的自适应减小，二是避免长时间无事件发生，致使通信网络过分的闲置，从而产生通信疲劳，失去同步等现象。

显然，依据推论 2.3 可知触发机制式(2－27)能够确保系统的稳定性。

2.3.4　数值仿真

为了进一步验证本节所得结论的正确性和有效性，下文将给出一些仿真验证结果。仿真采用如式(2－1)和式(2－2)描述的线性系统，其中相关矩阵取值如下：

$$\boldsymbol{A}=\begin{bmatrix}1 & 2\\ -2 & 1\end{bmatrix},\ \boldsymbol{B}=\begin{bmatrix}0\\ 1\end{bmatrix},\ \boldsymbol{K}=\begin{bmatrix}-0.45 & -3.25\end{bmatrix}$$

1. 定理 2.3 的正确性验证仿真

验证定理 2.3 的正确性和验证依据式(2－6)实现事件触发控制的有效性的仿真分两步：一是利用 MATLAB LMI 工具箱编写代码求解定理 2.3 中线性矩阵不等式优化结果，具体方法是定义变量 $\boldsymbol{P}$，用相关函数描述定理 2.3 中的条件，然后在 ε 取指定值情况下寻找使线性矩阵不等式可行解存在的最小参数 σ，可手动实现，也可编程实现；二是用上一步所得结果的一组取值代入式(2－6)的触发机制，设置非零的初始状态，验证事件触发控制的渐近稳定性。

仿真结果：依据定理 2.3 可得表 2－3 所示的 5 组能够保证采用触发条件式(2－6)使系统稳定的触发条件参数。从表中可看出在保证系统稳定的参数选择中，参数 σ 和 ε 之间存在某种权衡关系，即 σ 在取值较大时，ε 取值相应较小才能确保系统稳定，反之亦然。

表 2－3　确保系统稳定的触发条件参数 σ 和 ε 取值

σ	0.1156	0.1146	0.1101	0.1045	0.0599
ε	0.0001	0.001	0.005	0.01	0.05

将 $\sigma=0.1101$ 和 $\varepsilon=0.005$ 代入触发机制式(2－6)，令初始状 $\boldsymbol{x}_0=[3\quad -3]$，所得的状态演化曲线如图 2－4 所示。显然图中状态曲线是收敛的，说明系统

是渐近稳定的，这证实了定理 2.3 的正确性。

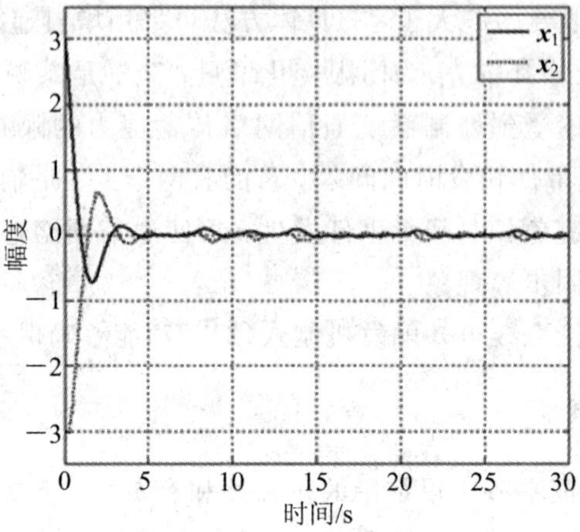

图 2-4　SF-CETC 状态演化曲线

2. 变门限触发机制有效性的验证仿真

仿真目的是验证变门限触发机制的有效性。仿真中初始状态设为 $\boldsymbol{x}_0=[3\ \ -3]$，相关仿真参数取值为：$\sigma=0.1101$，$\varepsilon_0=0.005$，$T_{\min}=0.1$，$T_{\max}=1$。

仿真所得变门限 SF-ETC 状态演化曲线如图 2-5 所示，事件触发机制的静态门限参数 ε 变化如图 2-6 所示，可看出随着系统趋于稳态，静态门限参数在逐渐变小。对比图 2-5 和图 2-4，可看出变门限 SF-ETC 的稳态波动明显小于固定门限方法。

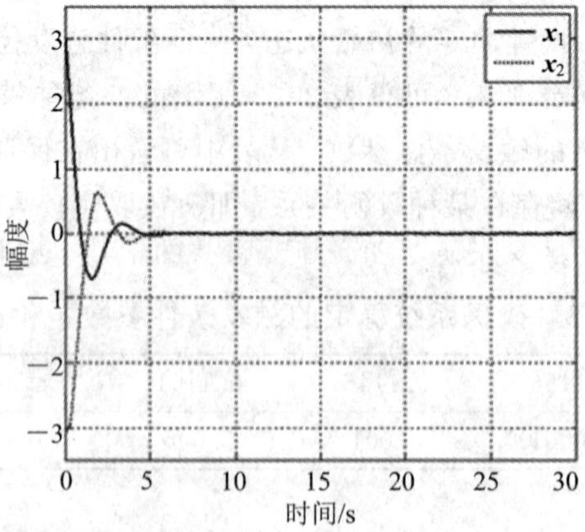

图 2-5　变门限 SF-CETC 状态演化曲线

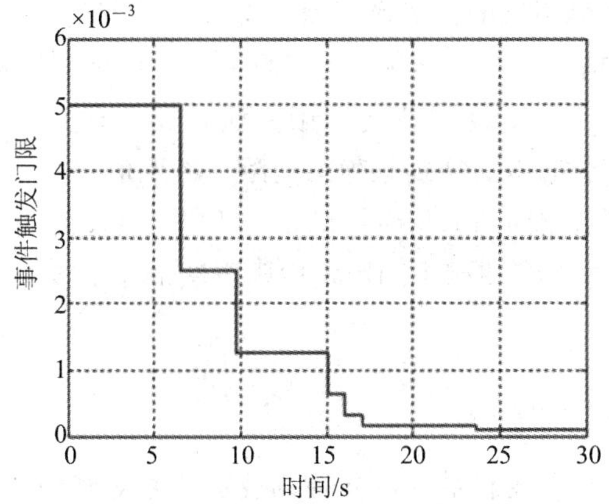

图 2-6　门限参数 ε 变化曲线

3. 固定门限和变门限方法性能对比仿真

仿真目的，基于仿真 2.4 中取得的 5 组触发机制参数，比较固定门限方法和变门限方法能够获取的控制性能，具体比较指标项有平均采样间隔 h_{mean}、最小采样间隔 $h_{\min}$ 和自定义的刻画稳态性能指标 $J=\int_{20}^{30}\|\boldsymbol{x}(t)\|\mathrm{d}t$。仿真中初始状均为 $\boldsymbol{x}_0=[3\quad -3]$，变门限方法中 $T_{\min}=0.1$，$T_{\max}=1$。仿真计算结果如表 2-4 所示，其中 d_J 为变门限方法的 J 值与固定门限方法 J 值之比。

表 2-4　不同触发条件下的仿真结果

σ	$\varepsilon/\varepsilon_0$	固定门限方法			变门限方法		d_J
		h_{mean}/s	$h_{\min}$/s	J	h_{mean}/s	J	
0.1156	0.0001	0.3797	0.0757	0.0781	0.3947	0.0700	89.6%
0.1146	0.001	0.5660	0.076	0.2598	0.4478	0.0569	21.9%
0.1101	0.005	0.5172	0.0775	0.5776	0.4615	0.0791	13.7%
0.1045	0.01	0.5085	0.079	0.7657	0.4762	0.1273	16.6%
0.0599	0.05	0.5000	0.0879	1.5697	0.4918	0.1931	12.3%

从表 2-4 中可看出，固定门限方法对每一组触发机制门限参数所得的平均采样间隔 h_{mean} 最小采样间隔 $h_{\min}$ 基本相差无几，也就是说参数 σ 和 ε 之间的权衡关系能够反映在控制系统采样间隔方面，但是每种触发机制所得稳态性

能的指标 J 却是明显不同的，显然 J 和触发机制的静态分量 ε 存在正向对应关系，这也验证了前文的分析结论。变门限方法对各组触发机制门限参数所得的平均采样间隔 h_{mean} 的改善与固定门限方法相比改善并不明显，但对稳态性能指标 J 的改善非常显著，特别是静态门限参数取值比较大时。这说明，变门限方法可在消耗基本相同的通信资源的情况下获得更好的稳态性能，本算例中的最佳情况，可将稳态范围缩小到固定门限方法的 12.3%。

本章小结

状态反馈事件触发控制系统可建模为受扰系统，基于受扰系统 ISS 定理，可推导出保证事件触发控制系统稳定的定理，得到线性矩阵不等式形式，从而实现触发条件参数的优化。所得结论可方便地求解确保系统稳定的事件触发条件参数，仿真实验验证了结论的正确性。进一步对比仿真结果会发现，2.2 节方法较现有文献的触发机制参数确定方法，保守性虽有所降低，但和系统实际稳定界的差距也是明显的，这说明，关于事件触发控制系统的建模和分析还需要进一步深入研究。

线性系统状态反馈事件触发控制中仅采用单一静态门限或动态门限容易产生 Zeno 现象，采用动静混合门限触发机制能够有效克服这一现象。将系统建模为一个脉冲系统，利用脉冲系统理论，可实现系统分析和触发机制的设计。进一步的分析发现，确保系统稳定的参数可在一个区间内选择，静态门限分量对控制系统稳态区域的大小影响非常显著，采用 2.3 节提出的变门限触发机制，可使系统在稳态情况下自动将静态门限分量减小，从而可使系统稳定在更小的稳态区域，实现更为精确的控制。该方法对设计通信资源紧缺情况下的精确数字控制系统具有一定参考价值。

第 3 章　状态反馈周期事件触发控制(SF-PETC)系统分析与设计

本章针对线性时不变(LTI)被控对象，首先在归纳现有动态门限触发机制形式的基础上，提出动态门限触发机制的统一描述形式；其次，针对 SF-PETC 系统，采用类似 2.2 节中的典型动态门限触发机制，将系统建模为离散受扰系统，然后利用离散受扰系统的 ISS 理论[134]研究系统的稳定性分析和事件触发条件参数确定问题，类似 2.2 节的思路，本章同样是直接设计 ISS 定理中 K 类函数的形式，从而得到一种可求优化解的触发条件参数确定方法，降低了结论的保守性；最后，在动态门限触发机制为统一描述形式时，通过扩大状态变量，将动态门限触发机制描述为矩阵二次型形式，然后将 SF-PETC 系统建模为 PWL 系统，研究系统的指数稳定性分析问题和事件触发条件参数确定方法。

3.1　SF-PETC 问题描述

考虑如下线性时不变(LTI)被控对象：

$$\dot{\boldsymbol{x}}(t)=\boldsymbol{A}_s\boldsymbol{x}(t)+\boldsymbol{B}_s\boldsymbol{u}(t) \tag{3-1}$$

其中，$\boldsymbol{x}\in\mathbb{R}^n$ 代表被控对象的状态，$\boldsymbol{u}\in\mathbb{R}^n$ 代表控制输入。假定对象采用如下连续状态反馈控制器：

$$\boldsymbol{u}=\boldsymbol{K}\boldsymbol{x} \tag{3-2}$$

闭环系统会渐近稳定，则 $\boldsymbol{A}_s+\boldsymbol{B}_s\boldsymbol{K}$ 为 Hurwitz 矩阵。

本章研究图 3-1 所示的状态反馈周期事件触发控制系统，即系统状态输出以 $h>0$ 的采样间隔进行周期采样，获得离散化的状态信号 $\boldsymbol{x}(t_k)$，记为 $\boldsymbol{x}_k$，其中 $t_k=kh$，$k\in\mathbb{N}$ 为采样时刻，并且在 t_k 时刻事件发生器进行触发条件的判断，如果满足触发条件，则输出此时的状态，记为 $\hat{\boldsymbol{x}}(t_k)$，并计算控制器输出、更新执行器输入。这一过程中，假定控制器输出到被控对象的信息传递不受任何限制，即不考虑时延、带宽和量化等因素的影响。

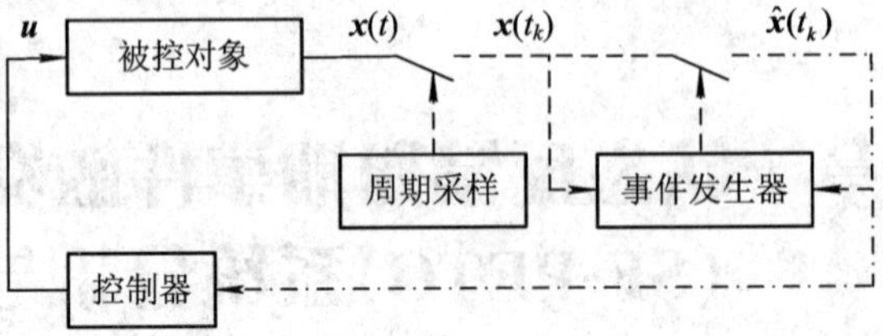

图 3-1　SF-PETC 系统示意图

图 3-1 所示 SF-PETC 系统中，系统控制输入为

$$\boldsymbol{u}(t)=\boldsymbol{K}\hat{\boldsymbol{x}}(t) \tag{3-3}$$

其中，$\hat{\boldsymbol{x}}(t)$ 是分段连续函数，$t\in(t_k,t_{k+1}]$，$k\in\mathbb{N}$，取值规则如下：

$$\hat{\boldsymbol{x}}(t)=\begin{cases}\boldsymbol{x}(t_k) & f_{\mathrm{C}}(\boldsymbol{x}(t_k),\boldsymbol{e}(t_k))>0\\ \hat{\boldsymbol{x}}(t_k) & f_{\mathrm{C}}(\boldsymbol{x}(t_k),\boldsymbol{e}(t_k))\leqslant 0\end{cases} \tag{3-4}$$

其中，f_{C} 为触发条件函数，$\boldsymbol{e}(t_k)$ 为被控对象上一采样时刻状态和当前状态的偏差，即

$$\boldsymbol{e}(t_k)=\hat{\boldsymbol{x}}(t_k)-\boldsymbol{x}(t_k)=\hat{\boldsymbol{x}}_k-\boldsymbol{x}_k \tag{3-5}$$

其中，$\hat{\boldsymbol{x}}_k\in\mathbb{R}^n$ 为事件触发时刻 t_k 的状态采样值。对于典型动态门限触发机制[44]，触发条件函数 f_{C} 取值为

$$\begin{aligned}f_{\mathrm{C}}(\boldsymbol{x}(t_k),\boldsymbol{e}(t_k))&=\|\boldsymbol{e}(t_k)\|^2-\sigma^2\|\boldsymbol{x}(t_k)\|^2\\&=\boldsymbol{e}_k^{\mathrm{T}}\boldsymbol{e}_k-\sigma^2\boldsymbol{x}_k^{\mathrm{T}}\boldsymbol{x}_k\end{aligned} \tag{3-6}$$

其中，σ 为正实数，也称动态触发条件参数。基于 Lyapunov 函数[32, 75]的触发条件形式是

$$f_{\mathrm{C}}(\boldsymbol{x}(t_k),\boldsymbol{e}(t_k))=[(\boldsymbol{A}+\boldsymbol{BK})\boldsymbol{x}_k+\boldsymbol{BKe}_k]^{\mathrm{T}}\boldsymbol{P}[(\boldsymbol{A}+\boldsymbol{BK})\boldsymbol{x}_k+\boldsymbol{BKe}_k]-\beta\boldsymbol{x}_k^{\mathrm{T}}\boldsymbol{Px}_k \tag{3-7}$$

其中，矩阵满足 $(\boldsymbol{A}+\boldsymbol{BK})^{\mathrm{T}}\boldsymbol{P}(\boldsymbol{A}+\boldsymbol{BK})\leqslant\lambda\boldsymbol{P}$，门限参数 β 满足 $\lambda\leqslant\beta<1$。

文献[72]和文献[73]设计的触发条件函数 f_{C} 取值形式为

$$f_{\mathrm{C}}(\boldsymbol{x}(t_k),\boldsymbol{e}(t_k))=-\upsilon^2\boldsymbol{x}_k^{\mathrm{T}}\boldsymbol{Sx}_k+\boldsymbol{e}_k^{\mathrm{T}}\boldsymbol{Se}_k \tag{3-8}$$

文献[74]设计的触发条件函数 f_{C} 取值形式为

$$f_{\mathrm{C}}(\boldsymbol{x}(t_k),\boldsymbol{e}(t_k))=-\boldsymbol{x}_k^{\mathrm{T}}\boldsymbol{S}_1\boldsymbol{x}_k+\boldsymbol{e}_k^{\mathrm{T}}\boldsymbol{S}_2\boldsymbol{e}_k \tag{3-9}$$

一种更为通用的动态门限触发条件描述形式是

$$f_{\mathrm{C}}(\boldsymbol{x}(t_k),\boldsymbol{e}(t_k))=\boldsymbol{x}_k^{\mathrm{T}}\boldsymbol{S}_{11}\boldsymbol{x}_k+\boldsymbol{x}_k^{\mathrm{T}}\boldsymbol{S}_{12}\boldsymbol{e}_k+\boldsymbol{e}_k^{\mathrm{T}}\boldsymbol{S}_{21}\boldsymbol{x}_k+\boldsymbol{e}_k^{\mathrm{T}}\boldsymbol{S}_{22}\boldsymbol{e}_k \tag{3-10}$$

比较式(3-6)～式(3-10)，可以看出式(3-6)～式(3-9)实际上是式(3-10)的特殊形式，故可将式(3-10)视为动态门限触发机制的统一描述形

式。在 SF-PETC 中，输入控制器的状态只有事件发生时刻更新，对象的实际控制输入为

$$\boldsymbol{u}=\boldsymbol{K}\hat{\boldsymbol{x}}(t)=\begin{cases}\boldsymbol{K}\boldsymbol{x}(t_k) & f_C(\boldsymbol{x}(t_k),\boldsymbol{e}(t_k))>0\\ \boldsymbol{K}\hat{\boldsymbol{x}}(t_k) & f_C(\boldsymbol{x}(t_k),\boldsymbol{e}(t_k))\leqslant 0\end{cases}\quad (t_k\quad t_{k+1}] \tag{3-11}$$

3.2　基于 ISS 理论的 SF-PETC 系统分析与设计

3.2.1　离散系统 ISS 基础知识

离散受扰系统可描述为

$$\boldsymbol{x}_{k+1}=f(\boldsymbol{x}_k,\boldsymbol{w}_k) \tag{3-12}$$

其中，$\boldsymbol{x}_k\in\mathbb{R}^n$ 为系统状态，$\boldsymbol{w}_k\in\mathbb{R}^m$ 为一种广义的输入，可以泛指任何形式的输入，一般认为 $\boldsymbol{w}_k$ 是一种干扰信号。

定义 3.1　如果存在函数 $\beta\in KL$ 和 $\gamma\in K$，对所有的初始状态 $\boldsymbol{x}_0\in\mathbb{R}^n$ 和有界输入 $\boldsymbol{w}_k$，$\sup\limits_{k\in\mathbb{N}}|\boldsymbol{w}_k|<\infty$，对于 $k>0$，系统(3-12)的解存在，且满足

$$\|\boldsymbol{x}_k\|\leqslant\beta(\|\boldsymbol{x}_0\|,k)+\gamma(\|\boldsymbol{w}_k\|_{L_\infty}) \tag{3-13}$$

则称系统(3-12)ISS。

引理 3.1　如果存在连续可微函数 $V:\mathbb{R}^n\rightarrow\mathbb{R}$ 对所有的 $\boldsymbol{x}_k\in\mathbb{R}^n$ 和 $\boldsymbol{w}_k\in\mathbb{R}^m$ 满足：

$$\underline{\alpha}(\|\boldsymbol{x}_k\|)\leqslant V(\boldsymbol{x}_k)\leqslant\bar{\alpha}(\|\boldsymbol{x}_k\|) \tag{3-14}$$

$$V(\boldsymbol{x}_{k+1})-V(\boldsymbol{x}_k)\leqslant-\alpha_x(\|\boldsymbol{x}_k\|)+\alpha_u(\|\boldsymbol{w}_k\|) \tag{3-15}$$

其中，$\underline{\alpha}$、$\bar{\alpha}$、α_x 是 K_∞ 类函数，α_u 是 K 类函数，则系统(3-12)ISS。

本节的研究思路是，将式(3-1)、式(3-3)和式(3-4)所描述的事件触发控制系统，建模为式(3-12)的离散受扰系统，然后利用 ISS 分析引理，讨论系统稳定性问题以及保证系统稳定的触发机制参数 σ 的选取问题。

3.2.2　系统建模

为了实现 SF-PETC 系统的 ISS 分析，把 SF-PETC 系统等效为图 3-2 所示形式，也就是把由事件触发引入的偏差 $\boldsymbol{e}(k)$ 看作是连续闭环系统的一个干扰输入，把状态看作是系统的输出。对应的闭环模型为

$$\boldsymbol{x}_{k+1}=\boldsymbol{A}\boldsymbol{x}_k+\boldsymbol{B}\boldsymbol{K}\hat{\boldsymbol{x}}_k=(\boldsymbol{A}+\boldsymbol{B}\boldsymbol{K})\boldsymbol{x}_k+\boldsymbol{B}\boldsymbol{K}\boldsymbol{e}_k \tag{3-16}$$

其中，$\boldsymbol{A}=\mathrm{e}^{\boldsymbol{A}_c h}$，$\boldsymbol{B}=\int_0^h \mathrm{e}^{\boldsymbol{A}_c s}\boldsymbol{B}_c \mathrm{d}s$，$\boldsymbol{A}_c$ 对应连续系统的系统矩阵，$\boldsymbol{B}_c$ 为输出矩阵，h 代表对应离散化时的采样间隔。

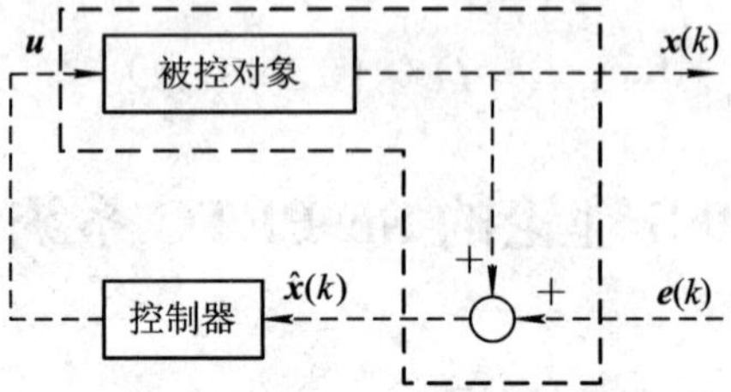

图 3-2　SF-PETC 系统等效示意图

3.2.3　系统稳定结论

定理 3.1　系统(3-16)对事件触发引入的偏差 $\boldsymbol{e}_k$ ISS 的条件是，存在对称矩阵 $\boldsymbol{P}>0$ 满足如下线性矩阵不等式：

$$\begin{bmatrix} (\boldsymbol{A}+\boldsymbol{BK})^{\mathrm{T}}\boldsymbol{P}(\boldsymbol{A}+\boldsymbol{BK})-\boldsymbol{P}+\boldsymbol{I} & (\boldsymbol{A}+\boldsymbol{BK})^{\mathrm{T}}\boldsymbol{PBK} \\ (\boldsymbol{BK})^{\mathrm{T}}\boldsymbol{P}(\boldsymbol{A}+\boldsymbol{BK}) & (\boldsymbol{BK})^{\mathrm{T}}\boldsymbol{PBK}-\gamma^2\boldsymbol{I} \end{bmatrix} \leqslant 0 \tag{3-17}$$

证明　令 $V(\boldsymbol{x}_k)=\boldsymbol{x}_k^{\mathrm{T}}\boldsymbol{P}\boldsymbol{x}_k$，显然满足公式(3-14)。令 $\alpha_x(\|\boldsymbol{x}_k\|)=\|\boldsymbol{x}_k\|^2$，$\alpha_u(\|\boldsymbol{e}\|)=\gamma^2\|\boldsymbol{e}_k\|^2$，其中 γ 为正实数，显然 α_x 是 K_∞ 类函数，α_u 是 K 类函数。于是，ISS 条件式(3-15)变成如下形式：

$$V(\boldsymbol{x}_{k+1})-V(\boldsymbol{x}_k)\leqslant -\|\boldsymbol{x}_k\|^2+\gamma^2\|\boldsymbol{e}_k\|^2 \tag{3-18}$$

结合系统(3-16)，式(3-18)变为如下形式：

$$\begin{aligned} V(\boldsymbol{x}_{k+1})-V(\boldsymbol{x}_k) &= \boldsymbol{x}_{k+1}^{\mathrm{T}}\boldsymbol{P}\boldsymbol{x}_{k+1}-\boldsymbol{x}_k^{\mathrm{T}}\boldsymbol{P}\boldsymbol{x}_k \\ &= (\boldsymbol{x}_k^{\mathrm{T}}(\boldsymbol{A}+\boldsymbol{BK})^{\mathrm{T}}+\boldsymbol{e}_k^{\mathrm{T}}(\boldsymbol{BK})^{\mathrm{T}})\boldsymbol{P}((\boldsymbol{A}+\boldsymbol{BK})\boldsymbol{x}_k+\boldsymbol{BK}\boldsymbol{e}_k)-\boldsymbol{x}_k^{\mathrm{T}}\boldsymbol{P}\boldsymbol{x}_k \\ &= \boldsymbol{x}_k^{\mathrm{T}}((\boldsymbol{A}+\boldsymbol{BK})^{\mathrm{T}}\boldsymbol{P}(\boldsymbol{A}+\boldsymbol{BK})-\boldsymbol{P})\boldsymbol{x}_k+\boldsymbol{x}_k^{\mathrm{T}}(\boldsymbol{A}+\boldsymbol{BK})^{\mathrm{T}}\boldsymbol{PBK}\boldsymbol{e}_k+ \\ &\quad\ \boldsymbol{e}_k^{\mathrm{T}}(\boldsymbol{BK})^{\mathrm{T}}\boldsymbol{P}(\boldsymbol{A}+\boldsymbol{BK})\boldsymbol{x}_k+\boldsymbol{e}_k^{\mathrm{T}}(\boldsymbol{BK})^{\mathrm{T}}\boldsymbol{PBK}\boldsymbol{e}_k \\ &= \begin{bmatrix}\boldsymbol{x}_k^{\mathrm{T}} & \boldsymbol{e}_k^{\mathrm{T}}\end{bmatrix} \begin{bmatrix} (\boldsymbol{A}+\boldsymbol{BK})^{\mathrm{T}}\boldsymbol{P}(\boldsymbol{A}+\boldsymbol{BK})-\boldsymbol{P} & (\boldsymbol{A}+\boldsymbol{BK})^{\mathrm{T}}\boldsymbol{PBK} \\ (\boldsymbol{BK})^{\mathrm{T}}\boldsymbol{P}(\boldsymbol{A}+\boldsymbol{BK}) & (\boldsymbol{BK})^{\mathrm{T}}\boldsymbol{PBK} \end{bmatrix} \begin{bmatrix}\boldsymbol{x}_k \\ \boldsymbol{e}_k\end{bmatrix} \end{aligned}$$

又因

$$-\|\boldsymbol{x}_k\|^2+\gamma^2\|\boldsymbol{e}_k\|^2=\begin{bmatrix}\boldsymbol{x}_k^{\mathrm{T}} & \boldsymbol{e}_k^{\mathrm{T}}\end{bmatrix}\begin{bmatrix}-\boldsymbol{I} & \boldsymbol{0} \\ \boldsymbol{0} & \gamma^2\boldsymbol{I}\end{bmatrix}\begin{bmatrix}\boldsymbol{x}_k \\ \boldsymbol{e}_k\end{bmatrix}$$

显然，不等式(3-17)成立就能确保式(3-18)成立，也就保证了系统(3-16)对偏差 $\boldsymbol{e}_k$ ISS。证毕。

3.2.4　触发机制设计

推论 3.1　以式(3-1)、式(3-3)、式(3-4)和式(3-6)构成的事件触发控制系统，能够获取最大触发间隔的触发条件参数 σ 的取值是 $\sigma=1/\gamma_{\min}$，其中 $\gamma_{\min}$ 为定理 3.1 条件成立时的 γ 最小取值。

证明　依据触发条件式(3-6)，显然，σ 的取值越大，事件触发间隔越大。当没有触发事件的时候，有不等式 $-\|\boldsymbol{x}_k\|^2+\frac{1}{\sigma^2}\|\boldsymbol{e}_k\|^2\leqslant 0$ 成立。而系统(3-16)ISS 的条件之一是式(3-18)成立，比较可得 $\gamma=\sigma^{-1}$。显然，γ 取最小值的时候，σ 能够取最大值，也就是能够获取最大触发间隔。

注释：此时 $\gamma_{\min}$ 实际也是从扰动 $\boldsymbol{e}$ 到状态 $\boldsymbol{x}$ 的 L_2 增益[130]。

推论 3.2　以式(3-1)、式(3-3)、式(3-4)和式(3-6)构成的 SF-PETC 系统的最小事件触发间隔为 $T_{\min}=nh$，其中 n 的取值是使如下矩阵乘积的最大特征值大于零的最大自然数：

$$\left(\begin{bmatrix}\boldsymbol{A} & \boldsymbol{BK}\\ \boldsymbol{0} & \boldsymbol{I}\end{bmatrix}^{n-1}\begin{bmatrix}\boldsymbol{A}+\boldsymbol{BK} & \boldsymbol{0}\\ \boldsymbol{I} & \boldsymbol{0}\end{bmatrix}\right)^{\mathrm{T}}\begin{bmatrix}\boldsymbol{I}-\sigma^2\boldsymbol{I} & \boldsymbol{I}\\ -\boldsymbol{I} & \boldsymbol{I}\end{bmatrix}\begin{bmatrix}\boldsymbol{A} & \boldsymbol{BK}\\ \boldsymbol{0} & \boldsymbol{I}\end{bmatrix}^{n-1}\begin{bmatrix}\boldsymbol{A}+\boldsymbol{BK} & \boldsymbol{0}\\ \boldsymbol{I} & \boldsymbol{0}\end{bmatrix} \tag{3-19}$$

证明　依据 SF-PETC 事件触发条件，在当前事件发生后，下一事件发生需要满足触发条件式(3-6)大于零。假定 t_k 时刻恰好完成了一次事件触发，即有 $\hat{\boldsymbol{x}}(t_k)=\boldsymbol{x}(t_k)$，则在 t_{k+1} 时刻事件触发条件是

$$\|\boldsymbol{x}(t_{k+1})-\boldsymbol{x}_k\|^2-\sigma^2\|\boldsymbol{x}(t_{k+1})\|^2>0 \tag{3-20}$$

将式(3-16)代入式(3-20)的左边，有

$$\begin{aligned}&\|\boldsymbol{x}(t_{k+1})-\boldsymbol{x}_k\|^2-\sigma^2\|\boldsymbol{x}(t_{k+1})\|^2\\&=\boldsymbol{x}_k^{\mathrm{T}}\begin{bmatrix}(\boldsymbol{A}+\boldsymbol{BK})^{\mathrm{T}} & \boldsymbol{I}\end{bmatrix}\begin{bmatrix}\boldsymbol{I}-\sigma^2\boldsymbol{I} & \boldsymbol{I}\\ -\boldsymbol{I} & \boldsymbol{I}\end{bmatrix}\begin{bmatrix}\boldsymbol{A}+\boldsymbol{BK}\\ \boldsymbol{I}\end{bmatrix}\boldsymbol{x}_k\end{aligned}$$

如果在 t_{k+1} 时刻触发条件不满足，则在 t_{k+2} 时刻式(3-20)的左边为

$$\begin{aligned}&\|\boldsymbol{x}(t_{k+2})-\boldsymbol{x}_k\|^2-\sigma^2\|\boldsymbol{x}(t_{k+2})\|^2\\&=\boldsymbol{x}_k^{\mathrm{T}}\begin{bmatrix}(\boldsymbol{A}^2+\boldsymbol{ABK}+\boldsymbol{BK})^{\mathrm{T}} & \boldsymbol{I}\end{bmatrix}\begin{bmatrix}\boldsymbol{I}-\sigma^2\boldsymbol{I} & \boldsymbol{I}\\ -\boldsymbol{I} & \boldsymbol{I}\end{bmatrix}\begin{bmatrix}\boldsymbol{A}^2+\boldsymbol{ABK}+\boldsymbol{BK}\\ \boldsymbol{I}\end{bmatrix}\boldsymbol{x}_k\\&=\boldsymbol{x}_k^{\mathrm{T}}\left(\begin{bmatrix}\boldsymbol{A} & \boldsymbol{BK}\\ \boldsymbol{0} & \boldsymbol{I}\end{bmatrix}\begin{bmatrix}\boldsymbol{A}+\boldsymbol{BK} & \boldsymbol{0}\\ \boldsymbol{I} & \boldsymbol{0}\end{bmatrix}\right)^{\mathrm{T}}\begin{bmatrix}\boldsymbol{I}-\sigma^2\boldsymbol{I} & \boldsymbol{I}\\ -\boldsymbol{I} & \boldsymbol{I}\end{bmatrix}\begin{bmatrix}\boldsymbol{A} & \boldsymbol{BK}\\ \boldsymbol{0} & \boldsymbol{I}\end{bmatrix}\begin{bmatrix}\boldsymbol{A}+\boldsymbol{BK} & \boldsymbol{0}\\ \boldsymbol{I} & \boldsymbol{0}\end{bmatrix}\boldsymbol{x}_{\mathrm{k}}\end{aligned}$$

利用数学归纳法可得，在 t_{k+n} 时刻之前均没有事件触发，则 t_{k+n} 时刻式(3-20)的左边为

$$\|\boldsymbol{x}(t_{k+n})-\boldsymbol{x}_k\|^2-\sigma^2\|\boldsymbol{x}(t_{k+n})\|^2$$

$$=\boldsymbol{x}_k^{\mathrm{T}}\left(\begin{bmatrix}\boldsymbol{A} & \boldsymbol{BK}\\ \boldsymbol{0} & \boldsymbol{I}\end{bmatrix}^{n-1}\begin{bmatrix}\boldsymbol{A}+\boldsymbol{BK} & \boldsymbol{0}\\ \boldsymbol{I} & \boldsymbol{0}\end{bmatrix}\right)^{\mathrm{T}}\begin{bmatrix}\boldsymbol{I}-\sigma^2\boldsymbol{I} & \boldsymbol{I}\\ -\boldsymbol{I} & \boldsymbol{I}\end{bmatrix}\begin{bmatrix}\boldsymbol{A} & \boldsymbol{BK}\\ \boldsymbol{0} & \boldsymbol{I}\end{bmatrix}^{n-1}\begin{bmatrix}\boldsymbol{A}+\boldsymbol{BK} & \boldsymbol{0}\\ \boldsymbol{I} & \boldsymbol{0}\end{bmatrix}\boldsymbol{x}_k$$

由矩阵最大特征值的特点，可知在 t_{k+n} 时刻能有事件触发的条件就是矩阵乘积(3-19)的最大特征值大于零。证毕。

3.2.5 数值仿真

考虑形如式(3-1)和式(3-2)的线性系统，其中系数矩阵取值如下：

$$\boldsymbol{A}_{\mathrm{s}}=\begin{bmatrix}0 & 1\\ -2 & 3\end{bmatrix},\quad \boldsymbol{B}_{\mathrm{s}}=\begin{bmatrix}0\\ 1\end{bmatrix},\quad \boldsymbol{K}=[1\quad -4]$$

1. 定理 3.1 和推论 3.1 的正确性仿真

此仿真的目的是验证定理 3.1 和推论 3.1 的正确性。仿真分两步进行：一是利用 MATLAB LMI 工具箱编写代码求解定理 3.1 中线性矩阵不等式优化结果，寻找使线性矩阵不等式可行解存在的最小参数 γ；二是采用所得结果设计触发机制，设置非 0 的初始状态值，验证事件触发控制的渐近稳定性。仿真中 $h=0.01$ s。

仿真结果：保证定理 3.1 中不等式成立的 LMI 优化结果为 $\gamma_{\min}=6.00$，将 $\sigma=\gamma^{-1}=0.1667$ 代入触发条件函数(3-6)中，令初始状态 $\boldsymbol{x}_0=[3.1\quad 3.1]$，仿真所得的状态演化曲线如图 3-3 所示。显然，图 3-3 中的状态曲线是收敛的，也就是说，系统是渐近稳定的，这证实了定理 3.1 和推论 3.1 的正确性。

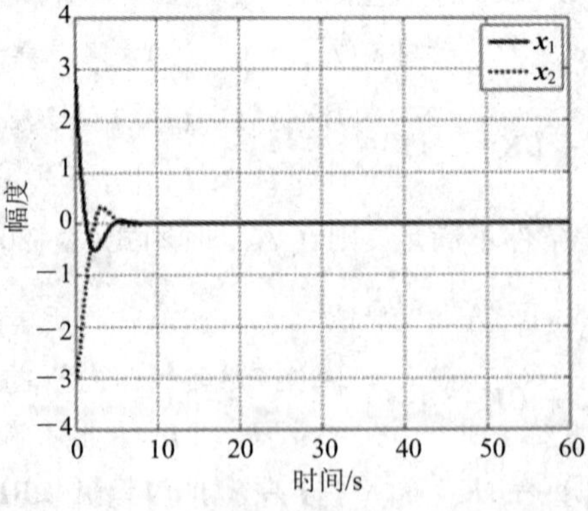

图 3-3 SF-PETC 状态演化曲线

2. 推论 3.2 的正确性仿真

此仿真的目的是验证推论 3.2 的正确性。仿真中 $h=0.01$ s，将矩阵 $\boldsymbol{A}$、$\boldsymbol{B}$ 和 $\boldsymbol{K}$ 代入推论 3.2 中的公式(3-19)，计算满足条件的 n 值。代入相关矩阵，计算可得 n 的取值为 9，对应的最小触发间隔为 $T_{\min}=0.09$ s。令初始状态 $\boldsymbol{x}_0=[3.1\quad 3.1]$，可得图 3-4 所示的触发间隔散点图。从图 3-4 中可看出，最小触发间隔也为 0.09 s，与计算结果一致。可见，推论 3.2 所得结论的保守性非常低，这一点也可从理论推导过程看出，也就是说，利用推论 3.2 几乎可以准确计算出 SF-PETC 的最小触发间隔。

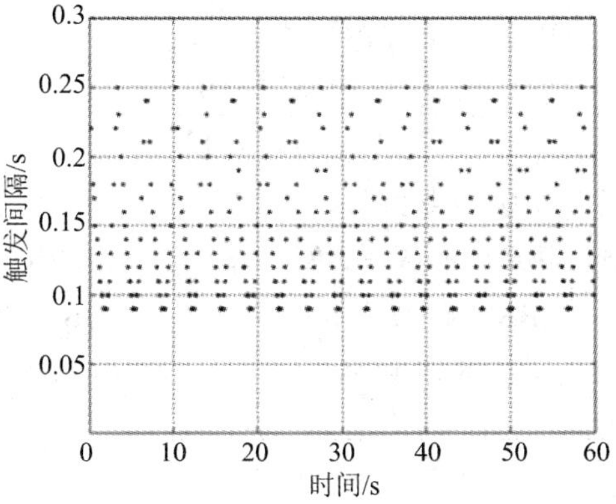

图 3-4　SF-PETC 触发间隔散点图

3.3　基于 PWL 系统理论的 SF-PETC 系统分析与设计

本节的研究思路是，将式(3-1)、式(3-3)、式(3-4)和式(3-6)～式(3-10)所描述的 SF-PETC 系统，建模为式(1-14)的 PWL 系统，然后分析系统的指数稳定性，讨论触发机制参数设计问题。

3.3.1　系统建模

由 3.2 节描述的 SF-PETC 工作原理易知，SF-PETC 系统本质上是由两个子系统构成的分段线性受控制切换系统，即 PWL 系统，较一般的切换系统，SF-PETC 切换时刻为采样间隔 h 的整数倍。两个子系统中：一个子系统代表事件触发时系统的工作情况，此时整个系统相当于工作在闭环状态；一个子系统代表无事件发生时系统的工作情况，此时整个系统相当于工作在开环状态。采用扩大状态变量，定义新的状态变量为 $\boldsymbol{\chi}_k:=[\boldsymbol{x}_k^{\mathrm{T}}\quad \boldsymbol{e}_k^{\mathrm{T}}]^{\mathrm{T}}$，则 SF-PETC 系统可描述为如式(1-14)的PWL系统形式：

$$\boldsymbol{\chi}_{k+1}=\begin{cases}\boldsymbol{A}_1\boldsymbol{\chi}_k & f_{\mathrm{C}}(\boldsymbol{\chi}(t_k))>0\\ \boldsymbol{A}_2\boldsymbol{\chi}_k & f_{\mathrm{C}}(\boldsymbol{\chi}(t_k))\leqslant 0\end{cases} \tag{3-21}$$

其中，$\boldsymbol{A}_1=\begin{bmatrix}\boldsymbol{A}+\boldsymbol{BK} & \boldsymbol{0}\\ \boldsymbol{I}-(\boldsymbol{A}+\boldsymbol{BK}) & \boldsymbol{0}\end{bmatrix}$，$\boldsymbol{A}_2=\begin{bmatrix}\boldsymbol{A}+\boldsymbol{BK} & \boldsymbol{BK}\\ \boldsymbol{I}-(\boldsymbol{A}+\boldsymbol{BK}) & \boldsymbol{I}-\boldsymbol{BK}\end{bmatrix}$，$\boldsymbol{A}=\mathrm{e}^{\boldsymbol{A}_{\mathrm{s}}h}$，$\boldsymbol{B}=\int_0^h \mathrm{e}^{\boldsymbol{A}_{\mathrm{s}}s}\boldsymbol{B}_{\mathrm{s}}\mathrm{d}s$。

扩大状态变量后，触发条件式(3-6)～式(3-10)可统一描述为

$$f_{\mathrm{C}}(\boldsymbol{\chi}(t_k))=f_{\mathrm{C}}(\boldsymbol{x}(t_k),\boldsymbol{e}(t_k))=\boldsymbol{\chi}^{\mathrm{T}}(t_k)\boldsymbol{Q}\boldsymbol{\chi}(t_k) \tag{3-22}$$

对于触发条件式(3-6)，$\boldsymbol{Q}$ 的取值为

$$\boldsymbol{Q}=\begin{bmatrix}-\sigma^2\boldsymbol{I} & \boldsymbol{0}\\ \boldsymbol{0} & \boldsymbol{I}\end{bmatrix} \tag{3-23}$$

对于触发条件式(3-7)，$\boldsymbol{Q}$ 的取值为

$$\boldsymbol{Q}=\begin{bmatrix}(\boldsymbol{A}+\boldsymbol{BK})^{\mathrm{T}}\boldsymbol{P}(\boldsymbol{A}+\boldsymbol{BK})-\beta\boldsymbol{P} & (\boldsymbol{A}+\boldsymbol{BK})^{\mathrm{T}}\boldsymbol{PBK}\\ (\boldsymbol{BK})^{\mathrm{T}}\boldsymbol{P}(\boldsymbol{A}+\boldsymbol{BK}) & (\boldsymbol{BK})^{\mathrm{T}}\boldsymbol{PBK}\end{bmatrix} \tag{3-24}$$

对于触发条件式(3-8)，$\boldsymbol{Q}$ 的取值为

$$\boldsymbol{Q}=\begin{bmatrix}-\upsilon^2\boldsymbol{S} & \boldsymbol{0}\\ \boldsymbol{0} & \boldsymbol{S}\end{bmatrix} \tag{3-25}$$

触发条件式(3-9)对应的 $\boldsymbol{Q}$ 的取值为

$$\boldsymbol{Q}=\begin{bmatrix}\boldsymbol{S}_1 & \boldsymbol{0}\\ \boldsymbol{0} & -\boldsymbol{S}_2\end{bmatrix} \tag{3-26}$$

动态门限触发条件的统一描述形式(即式(3-10))对应的 $\boldsymbol{Q}$ 的取值为

$$\boldsymbol{Q}=\begin{bmatrix}\boldsymbol{S}_{11} & \boldsymbol{S}_{12}\\ \boldsymbol{S}_{21} & \boldsymbol{S}_{22}\end{bmatrix} \tag{3-27}$$

3.3.2 系统稳定结论

定理 3.2　式(3-21)对应的SF-PETC系统以指数衰减率 ρ 全局指数稳定(Globally Exponentially Stable, GES)的条件是：存在正定矩阵 $\boldsymbol{P}_1$ 和 $\boldsymbol{P}_2$，标量 $a_{ij}\geqslant 0$、$b_{ij}\geqslant 0$ 和 $\alpha_i\geqslant 0$，$i,j\in\{1,2\}$，满足

$$\mathrm{e}^{-2\rho h}\boldsymbol{P}_i-\boldsymbol{A}_i^{\mathrm{T}}\boldsymbol{P}_j\boldsymbol{A}_i+(-1)^i a_{ij}\boldsymbol{Q}+(-1)^j b_{ij}\boldsymbol{A}_i^{\mathrm{T}}\boldsymbol{Q}\boldsymbol{A}_i\geqslant 0,\quad i\in\{1,2\} \tag{3-28}$$

和

$$\boldsymbol{P}_i+(-1)^i\alpha_i\boldsymbol{Q}\geqslant 0,\ i\in\{1,2\} \tag{3-29}$$

证明　基于 Lyapunov 理论直接证明这一问题，取分段 Lyapunov 函数：

$$V(\boldsymbol{\chi}_k)=\begin{cases}\boldsymbol{\chi}_k^{\mathrm{T}}\boldsymbol{P}_1\boldsymbol{\chi}_k & \boldsymbol{\chi}_k^{\mathrm{T}}\boldsymbol{Q}\boldsymbol{\chi}_k>0\\ \boldsymbol{\chi}_k^{\mathrm{T}}\boldsymbol{P}_2\boldsymbol{\chi}_k & \boldsymbol{\chi}_k^{\mathrm{T}}\boldsymbol{Q}\boldsymbol{\chi}_k\leqslant 0\end{cases}\tag{3-30}$$

如果存在标量 $\alpha_1\geqslant 0$、$\alpha_2\geqslant 0$，满足式(3-29)，则有 $\boldsymbol{P}_1-\alpha_1\boldsymbol{Q}\geqslant 0$ 和 $\boldsymbol{P}_2+\alpha_2\boldsymbol{Q}\geqslant 0$。这意味着当 $\boldsymbol{\chi}_k^{\mathrm{T}}\boldsymbol{Q}\boldsymbol{\chi}_k>0$ 时，有

$$\begin{aligned}V(\boldsymbol{\chi}_k)&=\boldsymbol{\chi}_k^{\mathrm{T}}P_1\boldsymbol{\chi}_k=\boldsymbol{\chi}_k^{\mathrm{T}}(\boldsymbol{P}_1-\alpha_1\boldsymbol{Q})\boldsymbol{\chi}_k+\alpha_1\boldsymbol{\chi}_k^{\mathrm{T}}\boldsymbol{Q}\boldsymbol{\chi}_k\\&>\lambda_{\min}(\boldsymbol{P}_1-\alpha_1\boldsymbol{Q})\|\boldsymbol{\chi}_k\|^2\end{aligned}$$

当 $\boldsymbol{\chi}_k^{\mathrm{T}}\boldsymbol{Q}\boldsymbol{\chi}_k\leqslant 0$ 时，有

$$V(\boldsymbol{\chi}_k)=\boldsymbol{\chi}_k^{\mathrm{T}}\boldsymbol{P}_2\boldsymbol{\chi}_k=\boldsymbol{\chi}_k^{\mathrm{T}}(\boldsymbol{P}_2+\alpha_2\boldsymbol{Q})\boldsymbol{\chi}_k-\alpha_2\boldsymbol{\chi}_k^{\mathrm{T}}\boldsymbol{Q}\boldsymbol{\chi}_k\geqslant\lambda_{\min}(\boldsymbol{P}_2+\alpha_2\boldsymbol{Q})\|\boldsymbol{\chi}_k\|^2$$

综合可得，存在 $c_1=\min\{\lambda_{\min}(\boldsymbol{P}_1-\alpha_1\boldsymbol{Q}),\lambda_{\min}(\boldsymbol{P}_2+\alpha_2\boldsymbol{Q})\}>0$ 和足够大的 $c_2>c_1$，满足 Lyapunov 指数稳定条件中的 $c_1\|\boldsymbol{\chi}_k\|\leqslant V(\boldsymbol{\chi}_k)\leqslant c_2\|\boldsymbol{\chi}_k\|$。

由于

$$\begin{aligned}V(\boldsymbol{\chi}_{k+1})&=\begin{cases}\boldsymbol{\chi}_{k+1}^{\mathrm{T}}\boldsymbol{P}_1\boldsymbol{\chi}_{k+1}，当\boldsymbol{\chi}_{k+1}^{\mathrm{T}}\boldsymbol{Q}\boldsymbol{\chi}_{k+1}>0\\ \boldsymbol{\chi}_{k+1}^{\mathrm{T}}\boldsymbol{P}_2\boldsymbol{\chi}_{k+1}，当\boldsymbol{\chi}_{k+1}^{\mathrm{T}}\boldsymbol{Q}\boldsymbol{\chi}_{k+1}\leqslant 0\end{cases}\\&=\begin{cases}\boldsymbol{\chi}_k^{\mathrm{T}}\boldsymbol{A}_1^{\mathrm{T}}\boldsymbol{P}_1\boldsymbol{A}_1\boldsymbol{\chi}_k，当\boldsymbol{\chi}_k^{\mathrm{T}}\boldsymbol{Q}\boldsymbol{\chi}_k>0且\boldsymbol{\chi}_k^{\mathrm{T}}\boldsymbol{A}_1^{\mathrm{T}}\boldsymbol{Q}\boldsymbol{A}_1\boldsymbol{\chi}_k>0\\ \boldsymbol{\chi}_k^{\mathrm{T}}\boldsymbol{A}_2^{\mathrm{T}}\boldsymbol{P}_1\boldsymbol{A}_2\boldsymbol{\chi}_k，当\boldsymbol{\chi}_k^{\mathrm{T}}\boldsymbol{Q}\boldsymbol{\chi}_k\leqslant 0且\boldsymbol{\chi}_k^{\mathrm{T}}\boldsymbol{A}_2^{\mathrm{T}}\boldsymbol{Q}\boldsymbol{A}_2\boldsymbol{\chi}_k>0\\ \boldsymbol{\chi}_k^{\mathrm{T}}\boldsymbol{A}_1^{\mathrm{T}}\boldsymbol{P}_2\boldsymbol{A}_1\boldsymbol{\chi}_k，当\boldsymbol{\chi}_k^{\mathrm{T}}\boldsymbol{Q}\boldsymbol{\chi}_k>0且\boldsymbol{\chi}_k^{\mathrm{T}}\boldsymbol{A}_1^{\mathrm{T}}\boldsymbol{Q}\boldsymbol{A}_1\boldsymbol{\chi}_k\leqslant 0\\ \boldsymbol{\chi}_k^{\mathrm{T}}\boldsymbol{A}_2^{\mathrm{T}}\boldsymbol{P}_2\boldsymbol{A}_2\boldsymbol{\chi}_k，当\boldsymbol{\chi}_k^{\mathrm{T}}\boldsymbol{Q}\boldsymbol{\chi}_k\leqslant 0且\boldsymbol{\chi}_k^{\mathrm{T}}\boldsymbol{A}_2^{\mathrm{T}}\boldsymbol{Q}\boldsymbol{A}_2\boldsymbol{\chi}_k\leqslant 0\end{cases}\end{aligned}$$

故对于离散系统，LyAPunov 指数稳定要求存在标量 $0<\lambda<1$ 满足 $V(\boldsymbol{\chi}_{k+1})\leqslant\lambda^2V(\boldsymbol{\chi}_k)$，即要求

$$V(\boldsymbol{\chi}_{k+1})=\begin{cases}\boldsymbol{\chi}_k^{\mathrm{T}}\boldsymbol{A}_1^{\mathrm{T}}\boldsymbol{P}_1\boldsymbol{A}_1\boldsymbol{\chi}_k\leqslant\lambda^2\boldsymbol{\chi}_k^{\mathrm{T}}\boldsymbol{P}_1\boldsymbol{\chi}_k，当\boldsymbol{\chi}_k^{\mathrm{T}}\boldsymbol{Q}\boldsymbol{\chi}_k>0且\boldsymbol{\chi}_k^{\mathrm{T}}\boldsymbol{A}_1^{\mathrm{T}}\boldsymbol{Q}\boldsymbol{A}_1\boldsymbol{\chi}_k>0\\ \boldsymbol{\chi}_k^{\mathrm{T}}\boldsymbol{A}_2^{\mathrm{T}}\boldsymbol{P}_1\boldsymbol{A}_2\boldsymbol{\chi}_k\leqslant\lambda^2\boldsymbol{\chi}_k^{\mathrm{T}}\boldsymbol{P}_2\boldsymbol{\chi}_k，当\boldsymbol{\chi}_k^{\mathrm{T}}\boldsymbol{Q}\boldsymbol{\chi}_k\leqslant 0且\boldsymbol{\chi}_k^{\mathrm{T}}\boldsymbol{A}_2^{\mathrm{T}}\boldsymbol{Q}\boldsymbol{A}_2\boldsymbol{\chi}_k>0\\ \boldsymbol{\chi}_k^{\mathrm{T}}\boldsymbol{A}_1^{\mathrm{T}}\boldsymbol{P}_2\boldsymbol{A}_1\boldsymbol{\chi}_k\leqslant\lambda^2\boldsymbol{\chi}_k^{\mathrm{T}}\boldsymbol{P}_1\boldsymbol{\chi}_k，当\boldsymbol{\chi}_k^{\mathrm{T}}\boldsymbol{Q}\boldsymbol{\chi}_k>0且\boldsymbol{\chi}_k^{\mathrm{T}}\boldsymbol{A}_1^{\mathrm{T}}\boldsymbol{Q}\boldsymbol{A}_1\boldsymbol{\chi}_k\leqslant 0\\ \boldsymbol{\chi}_k^{\mathrm{T}}\boldsymbol{A}_2^{\mathrm{T}}\boldsymbol{P}_2\boldsymbol{A}_2\boldsymbol{\chi}_k\leqslant\lambda^2\boldsymbol{\chi}_k^{\mathrm{T}}\boldsymbol{P}_2\boldsymbol{\chi}_k，当\boldsymbol{\chi}_k^{\mathrm{T}}\boldsymbol{Q}\boldsymbol{\chi}_k\leqslant 0且\boldsymbol{\chi}_k^{\mathrm{T}}\boldsymbol{A}_2^{\mathrm{T}}\boldsymbol{Q}\boldsymbol{A}_2\boldsymbol{\chi}_k\leqslant 0\end{cases}$$

以上条件不等式成立的充分条件是，存在 $a_{11}\geqslant 0$、$a_{12}\geqslant 0$、$b_{11}\geqslant 0$、$b_{12}\geqslant 0$ 满足：

$$\begin{aligned}&\boldsymbol{\chi}_k^{\mathrm{T}}\boldsymbol{A}_1^{\mathrm{T}}\boldsymbol{P}_1\boldsymbol{A}_1\boldsymbol{\chi}_k\leqslant\lambda^2\boldsymbol{\chi}_k^{\mathrm{T}}\boldsymbol{P}_1\boldsymbol{\chi}_k-a_{11}\boldsymbol{\chi}_k^{\mathrm{T}}\boldsymbol{Q}\boldsymbol{\chi}_k-b_{11}\boldsymbol{\chi}_k^{\mathrm{T}}\boldsymbol{A}_1^{\mathrm{T}}\boldsymbol{Q}\boldsymbol{A}_1\boldsymbol{\chi}_k\\&\boldsymbol{\chi}_k^{\mathrm{T}}\boldsymbol{A}_2^{\mathrm{T}}\boldsymbol{P}_1\boldsymbol{A}_2\boldsymbol{\chi}_k\leqslant\lambda^2\boldsymbol{\chi}_k^{\mathrm{T}}\boldsymbol{P}_2\boldsymbol{\chi}_k+a_{21}\boldsymbol{\chi}_k^{\mathrm{T}}\boldsymbol{Q}\boldsymbol{\chi}_k-b_{21}\boldsymbol{\chi}_k^{\mathrm{T}}\boldsymbol{A}_2^{\mathrm{T}}\boldsymbol{Q}\boldsymbol{A}_2\boldsymbol{\chi}_k\\&\boldsymbol{\chi}_k^{\mathrm{T}}\boldsymbol{A}_1^{\mathrm{T}}\boldsymbol{P}_2\boldsymbol{A}_1\boldsymbol{\chi}_k\leqslant\lambda^2\boldsymbol{\chi}_k^{\mathrm{T}}\boldsymbol{P}_1\boldsymbol{\chi}_k-a_{12}\boldsymbol{\chi}_k^{\mathrm{T}}\boldsymbol{Q}\boldsymbol{\chi}_k+b_{12}\boldsymbol{\chi}_k^{\mathrm{T}}\boldsymbol{A}_1^{\mathrm{T}}\boldsymbol{Q}\boldsymbol{A}_1\boldsymbol{\chi}_k\\&\boldsymbol{\chi}_k^{\mathrm{T}}\boldsymbol{A}_2^{\mathrm{T}}\boldsymbol{P}_2\boldsymbol{A}_2\boldsymbol{\chi}_k\leqslant\lambda^2\boldsymbol{\chi}_k^{\mathrm{T}}\boldsymbol{P}_2\boldsymbol{\chi}_k+a_{22}\boldsymbol{\chi}_k^{\mathrm{T}}\boldsymbol{Q}\boldsymbol{\chi}_k+b_{22}\boldsymbol{\chi}_k^{\mathrm{T}}\boldsymbol{A}_2^{\mathrm{T}}\boldsymbol{Q}\boldsymbol{A}_2\boldsymbol{\chi}_k\end{aligned}$$

综合以上四式，可得式(3-28)。证毕。

推论 3.3 如果存在ρ和$\boldsymbol{Q}$取式(3-23)～式(3-27)中的形式，满足定理3.2的条件，则以式(3-1)、式(3-3)和式(3-4)构成的事件触发控制系统，对应取式(3-6)～式(3-10)中的触发条件时，能够确保所构成的事件触发控制系统以指数衰减率ρ GES。

显然推论3.3成立，证明忽略。

注释：如果将定理3.2中的$\boldsymbol{Q}$视为变量，除了取式(3-23)和式(3-24)的形式外，定理3.2中的不等式组求解问题为双线性矩阵不等式(Bilinear Matrix Inequality，BMI)问题，求解相对困难[137-139]，这也是定理3.2在实际应用中的困难所在。

推论 3.4 以式(3-1)、式(3-3)和式(3-4)构成的SF-PETC系统的最小事件触发间隔为$T_{\min}=nh$，其中n的取值是使如下矩阵乘积的最大特征值大于零的最大自然数：

$$(\boldsymbol{A}_2^{n-1}\boldsymbol{A}_1)^{\mathrm{T}}\boldsymbol{Q}\boldsymbol{A}_2^{n-1}\boldsymbol{A}_1 \tag{3-31}$$

证明 依据SF-PETC事件触发条件，在当前事件发生后，下一事件发生需要满足触发条件式(3-22)大于零。假定t_k时刻恰好完成了一次事件触发，即有$\hat{\boldsymbol{x}}(t_k)=\boldsymbol{x}(t_k)$，则在$t_{k+1}$时刻有事件触发的条件是

$$f_{\mathrm{C}}(\boldsymbol{\chi}(t_{k+1}))=\boldsymbol{\chi}^{\mathrm{T}}(t_k)\boldsymbol{A}_1^{\mathrm{T}}\boldsymbol{Q}\boldsymbol{A}_1\boldsymbol{\chi}(t_k)>0$$

如果在t_{k+1}时刻触发条件不满足，则在t_{k+2}时刻有事件触发的条件是

$$\begin{aligned}f_{\mathrm{C}}(\boldsymbol{\chi}(t_{k+2}))&=\boldsymbol{\chi}^{\mathrm{T}}(t_{k+2})\boldsymbol{Q}\boldsymbol{\chi}(t_{k+2})\\&=\boldsymbol{\chi}^{\mathrm{T}}(t_{k+1})\boldsymbol{A}_2^{\mathrm{T}}\boldsymbol{Q}\boldsymbol{A}_2\boldsymbol{\chi}(t_{k+1})\\&=\boldsymbol{\chi}^{\mathrm{T}}(t_k)\boldsymbol{A}_1^{\mathrm{T}}\boldsymbol{A}_2^{\mathrm{T}}\boldsymbol{Q}_1\boldsymbol{A}_2\boldsymbol{A}_1\boldsymbol{\chi}(t_k)>0\end{aligned}$$

以此类推，至t_{k+n-1}时刻均没有事件触发，则t_{k+n}时刻有事件触发的条件是

$$\begin{aligned}f_{\mathrm{C}}(\boldsymbol{\chi}(t_{k+n}))&=\boldsymbol{\chi}^{\mathrm{T}}(t_{k+n})\boldsymbol{Q}\boldsymbol{\chi}(t_{k+n})\\&=\boldsymbol{\chi}^{\mathrm{T}}(t_{k+n-1})\boldsymbol{A}_2^{\mathrm{T}}\boldsymbol{Q}\boldsymbol{A}_2\boldsymbol{\chi}(t_{k+n-1})\\&=\boldsymbol{\chi}^{\mathrm{T}}(t_k)\boldsymbol{A}_1^{\mathrm{T}}(\boldsymbol{A}_2^{\mathrm{T}})^{n-1}\boldsymbol{Q}(\boldsymbol{A}_2)^{n-1}\boldsymbol{A}_1\boldsymbol{\chi}(t_k)>0\end{aligned}$$

由矩阵最大特征值的特点可知，在t_{k+n}时刻有事件触发的条件就是矩阵(3-31)的最大特征值大于零。证毕。

3.3.3 数值仿真

考虑形如式(3-1)和式(3-2)的线性系统，其中系数矩阵取值如下：

$$\boldsymbol{A}_{\mathrm{s}}=\begin{bmatrix}0 & 1\\ -2 & 3\end{bmatrix},\quad \boldsymbol{B}_{\mathrm{s}}=\begin{bmatrix}0\\ 1\end{bmatrix},\quad \boldsymbol{K}=\begin{bmatrix}1 & -4\end{bmatrix}$$

1. 定理 3.2 和推论 3.3 的正确性仿真

此仿真的目的是验证定理 3.2 和推论 3.3 的正确性。由于定理 3.2 中式(3-28)给出的是双线性矩阵不等式条件，不易直接求解验证，所以本仿真只能部分验证定理 3.2 和推论 3.3 的正确性，即只验证触发机制取式(3-6)与式(3-7)情况下定理 3.2 和推论 3.3 的正确性。

仿真步骤如下：首先利用 MATLAB LMI 工具箱编写代码求解定理 3.2 中线性矩阵不等式优化结果，寻找使线性矩阵不等式可行解存在的式(3-6)中最大参数 σ；其次取 $\gamma=0.99$，求使 $(\boldsymbol{A}+\boldsymbol{BK})^{\mathrm{T}}\boldsymbol{P}(\boldsymbol{A}+\boldsymbol{BK})\leqslant\lambda\boldsymbol{P}$ 成立的矩阵 $\boldsymbol{P}$，然后编写代码求解触发条件取式(3-7)情况下的线性矩阵不等式优化结果；最后采用所得结果设计触发机制，设置非零的初始状态值，验证事件触发控制的渐近稳定性。仿真中 $h=0.01$ s。

仿真结果：触发机制取式(3-6)时，保证定理 3.2 成立的 LMI 优化结果为 $\sigma_{\max}=0.2423$，将其代入由式(3-1)、式(3-3)、式(3-4)和式(3-6)构成的 ETC 系统，令初始状态 $\boldsymbol{x}_0=[3.1\quad 3.1]$，可得图 3-5 所示的状态演化曲线。使 $(\boldsymbol{A}+\boldsymbol{BK})^{\mathrm{T}}\boldsymbol{P}(\boldsymbol{A}+\boldsymbol{BK})\leqslant\lambda\boldsymbol{P}$ 成立的矩阵 $\boldsymbol{P}$ 为

$$\boldsymbol{P}=\begin{bmatrix}645.5664 & 324.0906\\ 324.0906 & 631.6689\end{bmatrix}$$

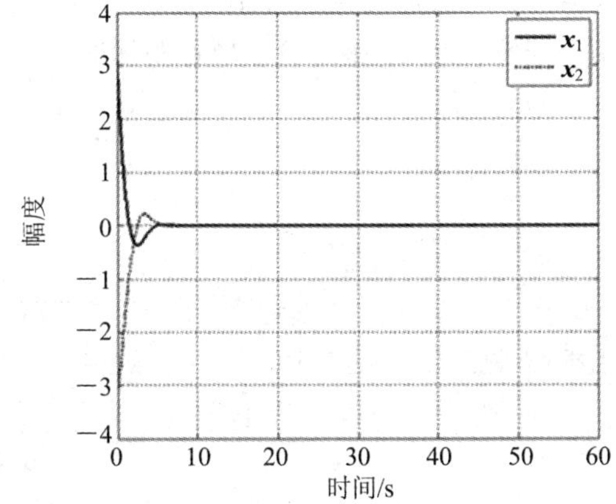

图 3-5　SF-PETC 状态演化曲线(触发条件为式(3-6))

将 $\boldsymbol{P}$ 代入触发条件式(3-7)，计算可得 $\beta=0.999$ 的情况下定理 3.2 中的线性矩阵不等式成立。将 $\boldsymbol{P}$、$\boldsymbol{A}_{\mathrm{s}}$、$\boldsymbol{B}_{\mathrm{s}}$、$\boldsymbol{K}$ 代入由式(3-1)、式(3-3)、式(3-4)

和式(3-7)构成的 ETC 系统，令初始状态 $\boldsymbol{x}_0=[3.1\quad 3.1]$，仿真可得图 3-6 所示的状态演化曲线。显然，图 3-5 和图 3-6 中的状态曲线是收敛的，即采用式(3-6)和式(3-7)实现的 SF-PETC 系统均是渐近稳定的，这证实了定理 3.2 和推论 3.3 的正确性。

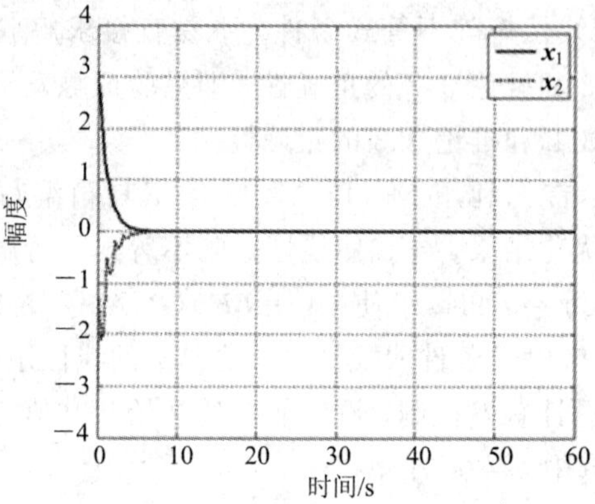

图 3-6　SF-PETC 状态演化曲线(触发条件为式(3-7))

2. 推论 3.4 的正确性仿真

此仿真的目的是验证推论 3.4 的正确性。取上一仿真中的条件，当取触发条件式(3-6)时，将矩阵 $\boldsymbol{A}_1$、$\boldsymbol{A}_2$ 和 $\boldsymbol{Q}$ 代入推论 3.4 中的公式(3-31)，计算满足条件的 n 的取值为 12，对应的最小触发间隔为 $T_{\min}=0.12$ s。采用上一方针中的条件，可得图 3-7 所示的触发间隔散点图。从图 3-7 中可看出，最小触发间隔也为 0.12 s，与计算结果一致。可见，推论 3.4 所得结论的保守性非常低。

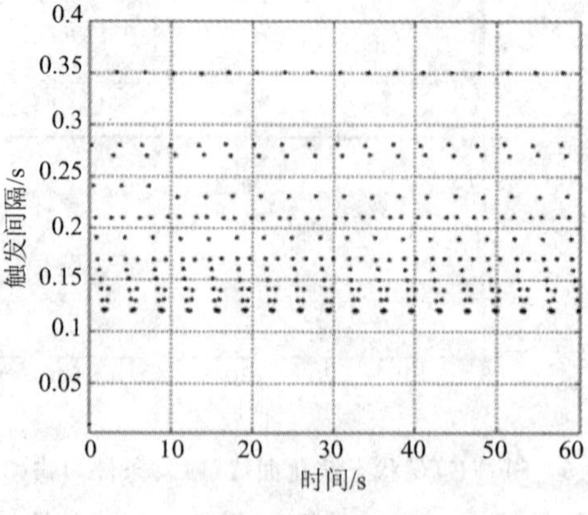

图 3-7　SF-PETC 触发间隔散点图 1

当取触发条件式(3-7)时，计算可得 $\boldsymbol{Q}$ 为

$$
\boldsymbol{Q}=\begin{bmatrix} -6.5150 & -3.2631 & 3.2571 & -13.0283 \\ -3.2631 & -6.3758 & 6.3957 & -25.5828 \\ 3.2571 & 6.3957 & 0.0654 & -0.2617 \\ -13.0283 & -25.5828 & -0.2617 & 1.0468 \end{bmatrix}
$$

将矩阵 $\boldsymbol{A}_1$、$\boldsymbol{A}_2$ 和 $\boldsymbol{Q}$ 代入推论 3.4 中的公式(3-31)，计算满足条件的 n 的取值为 35，对应的最小触发间隔为 $T_{\min}=0.35$ s。采用推论 3.3 仿真中的条件，可得如图 3-8 所示的触发间隔散点图。从图 3-8 中可看出，最小触发间隔为 0.37 s，大于理论计算结果，但基本相近。由此可见，推论 3.4 所得结论的保守性非常低。

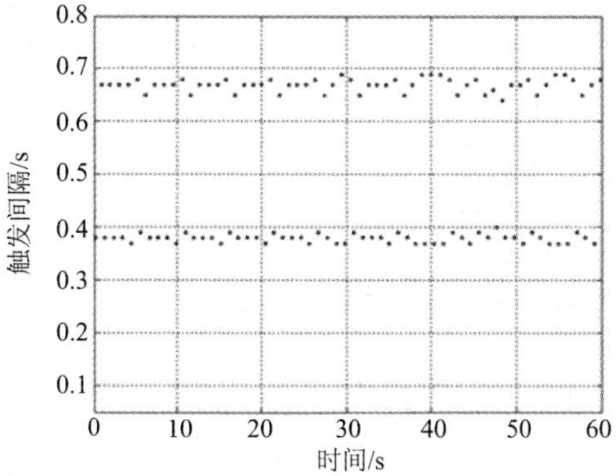

图 3-8 SF-PETC 触发间隔散点图 2

3. 几种方法对比仿真

将本章的结论与文献[44]中的结论进行仿真计算，对比几种方法之间的不同。主要对比以下几项内容：参数 σ(触发条件式(3-7)不涉及这一问题)，理论计算得到的最小触发间隔下界 h_{th}，仿真得到的最小触发间隔 $h_{\min}$，最大触发间隔 $h_{\max}$，平均触发间隔 h_{mean}。每种方法所得的仿真计算结果如表 3-1 所示，其中 3.3 节方法 1 指的是采用触发条件式(3-6)所得的结果，3.3 节方法 2 指的是采用触发条件式(3-7)所得的结果。由表 3-1 可见，与文献[44]结果相比，本章的方法均可得到较大的触发门限，也能获得较大的最小触发间隔、最大触发间隔以及平均触发间隔，这说明本章方法较文献[44]的方法的结论的保守性明显降低。表 3-1 结果也表明，3.3 节方法优于 3.2 节方法，即采用 3.3 节 PWL 方法可以获得更大的最小触发间隔、最大触发间隔以及平均触发间隔，节约通信资源的效果更为明显，这也可从图 3-4、图 3-7 和图 3-8 的触发间隔散点图对比看出。比较 3.3 节方法对触发条件式(3-6)和式(3-7)取得的理论计算结果和仿真结果，可知采用触发条件式(3-7)取得的最小触发间隔、最大触发间隔以及平均触发间隔，要明显大于采用触发条件式(3-6)所得的结果，这意味着触发条件式(3-7)可以极大地节约通信资源。对比图3-5和图3-6的状态演化曲线，可以看出，在初态趋于平衡点这一段时间内，图3-6的曲线明显比图3-5的光滑一些，说明采用保守性低的触发机制参数确定方法能够获取更大的事件触发间隔，极大地节约通信资源，但会使控制过程中状态演化的光滑性变差。

表3-1 几种方法所得仿真结果

	σ	h_{th}/s	h_{min}/s	h_{max}/s	h_{mean}/s
文献[44]	0.05	0.0109	0.0291	0.0782	0.0445
3.2节方法	0.1667	0.09	0.09	0.25	0.1357
3.3节方法1	0.2423	0.12	0.12	0.35	0.1791
3.3节方法2	—	0.35	0.37	0.69	0.5217

本章小结

本章首先建立了SF-PETC系统结构，归纳了现有动态门限触发机制在周期监测情况下的描述形式，并提出了动态门限触发机制的统一描述形式。当SF-PETC系统采用典型动态门限触发机制时，本章将SF-PETC系统建模为离散受扰系统，借助离散系统的ISS理论，推导出了SF-PETC系统稳定结论并得到了触发机制参数的确定方法。当SF-PETC系统触发机制为统一描述形式时，将系统建模为PWL系统，通过直接分析离散系统Lyapunov指数稳定性，推导出了SF-PETC系统稳定结论和触发机制参数的确定方法，得到的结论为双线性矩阵不等式形式，其中两类特殊形式的动态门限触发机制可转化为线性矩阵不等式问题求解。仿真结果表明3.3节方法可以获得的平均采样间隔约为3.2节方法的3倍，说明PWL方法保守性更低。

第 4 章　基于模型的事件触发控制(MB-ETC)系统分析与设计

在前面两章中，触发机制仅依据被控对象本身状态进行设计，从节约通信资源的角度讲，前面两章的方法在被控对象模型知识未知时是高效的。然而，有些控制系统设计中，被控对象的模型知识可提前获得，如果能够利用被控对象的模型知识，势必会进一步节约通信资源或提升控制性能[67-68]。基于这一思路，状态反馈 MB-ETC 方法被提出[30]。在 MB-ETC 中，事件触发机制是利用系统状态与参考模型状态之间的偏差来实现的，文献[30]设计了 MB-ETC 的静态门限事件触发机制，采用静态门限触发机制的 MB-ETC 方法也存在着最终控制区域大小与门限大小紧密关联的特点，使得静态门限 MB-ETC 具有无法实现精确控制的可能。为此，本章首先提出了 MB-ETC 的变门限触发机制，并从理论上分析变门限法所能取得的控制性能，通过数值仿真验证所得结论的正确性和方法的有效性；其次，本章将动态门限触发机制应用到离散周期监测情况下的状态反馈 MB-ETC 系统中，研究系统的构建、建模分析以及触发机制参数确定问题。

4.1　基于模型的变门限事件触发控制

4.1.1　基于模型的事件触发控制问题描述

为便于描述，本章将 SF-ETC 系统回路描述为如图 4-1 所示的形式，反馈控制的实现包含在事件发生器和输入发生器中，其中事件发生器决定事件发生器到输入发生器之间的通信传输时刻 $t_k(k=0, 1, \cdots)$；输入发生器在时间段 $t\in[t_k, t_{k+1})$ 产生的输入 $\boldsymbol{u}(t)$ 依赖于 t_k 时刻获取的状态信息 $\boldsymbol{x}(t_k)$。图 4-1 中点画线的含义是二者间的非周期网络通信只有在事件发生时才进行。

考虑如下模型已知的被控对象：

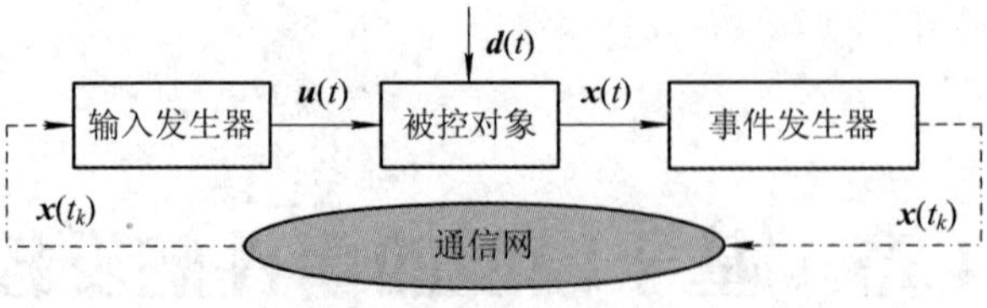

图 4-1　SF-ETC 回路

$$\dot{\boldsymbol{x}}(t)=\boldsymbol{A}\boldsymbol{x}(t)+\boldsymbol{B}\boldsymbol{u}(t)+\boldsymbol{E}\boldsymbol{d}(t),\quad \boldsymbol{x}(0)=\boldsymbol{x}_0 \tag{4-1}$$

其中，$\boldsymbol{x}\in\mathbb{R}^n$ 为系统状态，能够被测量；$\boldsymbol{u}\in\mathbb{R}^m$ 为控制输入；$\boldsymbol{d}\in\mathbb{R}^p$ 为干扰，干扰满足 $\|\boldsymbol{d}(t)\|\leqslant d_{\max}$，不能够被直接测量；系统矩阵 $\boldsymbol{A}$ 可逆。如果采用如下状态反馈控制律：

$$\boldsymbol{u}(t)=-\boldsymbol{K}\boldsymbol{x}(t) \tag{4-2}$$

系统能够获得满意的闭环控制性能，这样被控对象采用连续状态反馈控制时的闭环表达式为

$$\dot{\boldsymbol{x}}_{\mathrm{SF}}(t)=\underbrace{(\boldsymbol{A}-\boldsymbol{B}\boldsymbol{K})}_{\bar{\boldsymbol{A}}}\boldsymbol{x}_{\mathrm{SF}}(t)+\boldsymbol{E}\boldsymbol{d}(t),\quad \boldsymbol{x}_{\mathrm{SF}}(0)=\boldsymbol{x}_0 \tag{4-3}$$

其中，$\boldsymbol{x}_{\mathrm{SF}}\in\mathbb{R}^n$ 为连续状态反馈控制时的系统状态。

变门限 MB-ETC 系统原理框图如图 4-2 所示，其中事件发生器实现的基本思想是监测系统工作时被控对象的状态与参考模型状态之间的偏差，当二者之间状态偏差范数达到门限时，触发事件。事件发生后，系统执行以下任务：更新事件发生器端参考模型状态值，利用通信网将信息传递到输入发生器端，并更新输入发生器端参考模型状态值。输入发生器利用参考模型实现控制输入的生成。由于被控对象的干扰不能够测量，所以施加到参考模型中的干扰信号值只能采用估计的方法获取。

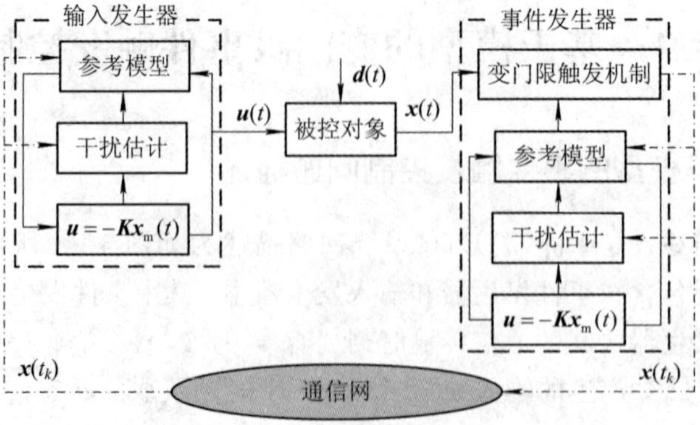

图 4-2　MB-ETC 系统原理图

参考模型的开环表达式为

$$\dot{\boldsymbol{x}}_{\mathrm{m}}(t)=\boldsymbol{A}\boldsymbol{x}_{\mathrm{m}}(t)+\boldsymbol{E}\tilde{\boldsymbol{d}}(t) \tag{4-4}$$

输入到参考模型控制量为

$$\boldsymbol{u}(t)=-\boldsymbol{K}\boldsymbol{x}_{\mathrm{m}}(t) \tag{4-5}$$

其中，$\boldsymbol{x}_{\mathrm{m}}\in\mathbb{R}^{n}$ 为参考模型状态，$\tilde{\boldsymbol{d}}\in\mathbb{R}^{p}$ 为干扰估计值，并且要求 $\boldsymbol{x}_{\mathrm{m}}(0)=\boldsymbol{x}_{0}$，对应的闭环表达式为

$$\dot{\boldsymbol{x}}_{\mathrm{m}}(t)=\underbrace{(\boldsymbol{A}-\boldsymbol{B}\boldsymbol{K})}_{\bar{\boldsymbol{A}}}\boldsymbol{x}_{\mathrm{m}}(t)+\boldsymbol{E}\tilde{\boldsymbol{d}}(t),\quad \boldsymbol{x}_{\mathrm{m}}(0)=\boldsymbol{x}_{0} \tag{4-6}$$

基于上述结构的控制系统，本节主要解决如下两个问题：

问题 4.1　在连续监测情况下，将克服静态门限触发机制缺点的变门限触发机制应用到 MB-ETC 中，系统中各环节如何实现？

问题 4.2　变门限 MB-ETC 取得的控制性能如何？

注：为使研究更具针对性，假定被控对象闭环稳定、不存在模型不确定，系统工作过程中时钟同步且无时延，不存在计算能力的限制。

4.1.2　事件触发控制的实现及工作流程

1. 干扰估计的实现

在事件触发时刻 t_{k+1}，被控对象和参考模型的状态值为

$$\boldsymbol{x}(t_{k+1})=\mathrm{e}^{\boldsymbol{A}(t_{k+1}-t_k)}\boldsymbol{x}(t_k)+\int_{t_k}^{t_{k+1}}\mathrm{e}^{\boldsymbol{A}(t_{k+1}-\tau)}\boldsymbol{B}\boldsymbol{u}(\tau)\mathrm{d}\tau+\int_{t_k}^{t_{k+1}}\mathrm{e}^{\boldsymbol{A}(t_{k+1}-\tau)}\boldsymbol{E}\boldsymbol{d}(\tau)\mathrm{d}\tau \tag{4-7}$$

$$\boldsymbol{x}_{\mathrm{m}}(t_{k+1}^{-})=\mathrm{e}^{\boldsymbol{A}(t_{k+1}-t_k)}\boldsymbol{x}_{\mathrm{m}}(t_k)+\int_{t_k}^{t_{k+1}}\mathrm{e}^{\boldsymbol{A}(t_{k+1}-\tau)}\boldsymbol{B}\boldsymbol{u}(\tau)\mathrm{d}\tau+\int_{t_k}^{t_{k+1}}\mathrm{e}^{\boldsymbol{A}(t_{k+1}-\tau)}\boldsymbol{E}\tilde{\boldsymbol{d}}(\tau)\mathrm{d}\tau \tag{4-8}$$

其中，$\boldsymbol{x}_{\mathrm{m}}(t_{k+1}^{-})$ 表示事件触发时刻参考模型状态更新前的状态值，由于以上两式中等式右边前两项相同，所以有

$$\boldsymbol{x}(t_{k+1})-\boldsymbol{x}_{\mathrm{m}}(t_{k+1}^{-})=\int_{t_k}^{t_{k+1}}\mathrm{e}^{\boldsymbol{A}(t_{k+1}-\tau)}\boldsymbol{E}\boldsymbol{d}(\tau)\mathrm{d}\tau-\int_{t_k}^{t_{k+1}}\mathrm{e}^{\boldsymbol{A}(t_{k+1}-\tau)}\boldsymbol{E}\tilde{\boldsymbol{d}}(\tau)\mathrm{d}\tau \tag{4-9}$$

为了估计的实现，假定被控对象在 $t\in[t_k,t_{k+1})$ 时干扰为恒定值，即有 $\tilde{\boldsymbol{d}}(t)=\hat{\boldsymbol{d}}_k$，可得如下干扰估计递推方法：

$$\begin{cases}\hat{\boldsymbol{d}}_0=0\\ \hat{\boldsymbol{d}}_k=\hat{\boldsymbol{d}}_{k-1}+(\boldsymbol{A}^{-1}(\mathrm{e}^{\boldsymbol{A}(t_k-t_{k-1})}-\boldsymbol{I})\boldsymbol{E})^{+}(\boldsymbol{x}(t_k)-\boldsymbol{x}_{\mathrm{m}}(t_k^{-}))\end{cases} \tag{4-10}$$

其中，$(\cdot)^+$ 代表矩阵的伪逆。由于干扰的维数一般小于状态的维数，故公式(4-10)求取伪逆部分的矩阵一般满秩。

2. 控制输入的产生

控制输入由所受干扰为 $\hat{\boldsymbol{d}}_k$ 的连续状态反馈参考模型产生，参考模型描述为

$$\dot{\boldsymbol{x}}_{\mathrm{m}}(t)=\bar{\boldsymbol{A}}\boldsymbol{x}_{\mathrm{m}}(t)+\boldsymbol{E}\hat{\boldsymbol{d}}_k,\quad \boldsymbol{x}_{\mathrm{m}}(t_k^+)=\boldsymbol{x}(t_k),\ t_k\leqslant t<t_{k+1} \tag{4-11}$$

$$\boldsymbol{u}(t)=-\boldsymbol{K}\boldsymbol{x}_m(t) \tag{4-12}$$

这样输入发生器产生的控制输入为

$$\boldsymbol{u}(t)=-\boldsymbol{K}\mathrm{e}^{\bar{\boldsymbol{A}}(t-t_k)}\boldsymbol{x}(t_k)-\boldsymbol{K}\bar{\boldsymbol{A}}^{-1}(\mathrm{e}^{\bar{\boldsymbol{A}}(t-\tau_k)}-\boldsymbol{I})\boldsymbol{E}\hat{\boldsymbol{d}}_k,\quad t_k\leqslant t<t_{k+1} \tag{4-13}$$

其中，$\boldsymbol{x}(t_k)$是事件发生器端在事件触发时刻 $\mathrm{t_k}$ 产生的测量输出。

3. 变门限事件触发机制

变门限事件触发机制的基本思想是比较被控对象与参考模型式(4-11)、式(4-12)之间的状态偏差，状态偏差达到一定门限时触发事件，除事件第一次触发时刻 $t_0=0$ 外，其他事件触发时刻需要满足如下条件：

当状态偏差达到触发门限并且触发时间间隔 T_{act} 满足 $T_{\min}\leqslant T_{\mathrm{act}}<T_{\max}$ 或时间间隔 $T_{\mathrm{act}}=T_{\max}$ 时，事件发生，也就是满足如下公式：

$$(\|\boldsymbol{x}-\boldsymbol{x}_{\mathrm{m}}\|\geqslant\bar{e}\ 且\ T_{\min}\leqslant T_{\mathrm{act}}<T_{\max})$$

或

$$T_{\mathrm{act}}=T_{\max} \tag{4-14}$$

门限变化的规则是：如果有连续 N 次 $T_{\mathrm{act}}=T_{\min}$且 $\bar{e}<\bar{e}_{\max}$，则门限增大，具体方法可采用增量递增方法 $\bar{e}=\bar{e}+h_e$ 或者倍增方法 $\bar{e}=2\bar{e}$；如果有连续 M 次 $T_{\mathrm{act}}=T_{\max}$且 $\bar{e}>\bar{e}_{\min}$，则门限减小，具体方法可采用增量递减方法 $\bar{e}=\bar{e}-h_e$ 或者倍减方法 $\bar{e}=\bar{e}/2$。其中 $\bar{e}_{\min}$、$\bar{e}_{\max}$ 和 h_e 分别为门限可取的最小值、最大值和门限变化增量；$T_{\min}$ 为系统所允许的最小事件触发时间间隔，取值受到控制系统通信网络传输能力的限制，如网络帧频率；$T_{\max}$ 是设置的最大触发时间间隔，有两个目的，一是辅助实现门限的自适应减小，二是避免长时间无事件发生致使通信网络过分闲置，从而产生通信疲劳、失去同步等现象。

4. 系统工作流程

系统工作流程如下：

Step1：依据公式(4-14)监测事件的发生，在这一过程中需要公式(4-11)

和公式(4－12)来实现参考模型状态的发生。

Step2：当公式(4－14)成立时，这一时刻记为 t_k，对象状态采样值为 $\boldsymbol{x}(t_k)$，并依据公式(4－10)计算干扰估计值 $\hat{\boldsymbol{d}}_k$，更新事件发生器端参考模型的状态，即 $\boldsymbol{x}_{\mathrm{m}}(t_k^+)=x(t_k)$。

Step3：传递状态采样值 $\boldsymbol{x}(t_k)$ 到控制输入发生器端，同样进行干扰估计值 $\hat{\boldsymbol{d}}_k$ 的计算和输入发生器端参考模型状态的更新。

Step4：$k=k+1$，回到 Step1。

需要指出的是无论是在事件发生器端，还是在输入发生器端，均需要复现参考模型式(4－11)以及干扰估计式(4－10)，但是，当干扰估计值 $\hat{\boldsymbol{d}}_k$ 也随状态采样值 $\boldsymbol{x}(t_k)$ 传输的话，可免去在输入发生器端的干扰估计。

4.1.3　事件触发控制系统回路建模与分析

1. 事件触发回路系统模型

合并公式(4－1)、(4－11)和(4－12)，可得相邻两次事件触发时间段 $t\in[t_k, t_{k+1})$内的闭环系统模型：

$$\begin{cases}\begin{bmatrix}\dot{\boldsymbol{x}}(t)\\ \dot{\boldsymbol{x}}_{\mathrm{m}}(t)\end{bmatrix}=\begin{bmatrix}\boldsymbol{A} & -\boldsymbol{BK}\\ 0 & \bar{\boldsymbol{A}}\end{bmatrix}\begin{bmatrix}\boldsymbol{x}(t)\\ \boldsymbol{x}_{\mathrm{m}}(t)\end{bmatrix}+\begin{bmatrix}\boldsymbol{E}\\ \boldsymbol{0}\end{bmatrix}\boldsymbol{d}(t)+\begin{bmatrix}\boldsymbol{0}\\ \boldsymbol{E}\end{bmatrix}\hat{\boldsymbol{d}}_k\\ \begin{bmatrix}\boldsymbol{x}(t_k)\\ \boldsymbol{x}_{\mathrm{m}}(t_k^+)\end{bmatrix}=\begin{bmatrix}\boldsymbol{x}(t_k)\\ \boldsymbol{x}(t_k)\end{bmatrix}\end{cases}$$

为了便于分析，进行状态变换，令

$$\begin{bmatrix}\boldsymbol{x}_{\Delta}(t)\\ \boldsymbol{x}_{\mathrm{m}}(t)\end{bmatrix}=\begin{bmatrix}\boldsymbol{I} & -\boldsymbol{I}\\ \boldsymbol{0} & \boldsymbol{I}\end{bmatrix}\begin{bmatrix}\boldsymbol{x}(t)\\ \boldsymbol{x}_{\mathrm{m}}(t)\end{bmatrix}$$

变换后的事件触发回路系统模型为

$$\begin{cases}\begin{bmatrix}\dot{\boldsymbol{x}}_{\Delta}(t)\\ \dot{\boldsymbol{x}}_{\mathrm{m}}(t)\end{bmatrix}=\begin{bmatrix}\boldsymbol{A} & 0\\ 0 & \bar{\boldsymbol{A}}\end{bmatrix}\begin{bmatrix}\boldsymbol{x}_{\Delta}(t)\\ \boldsymbol{x}_{\mathrm{m}}(t)\end{bmatrix}+\begin{bmatrix}\boldsymbol{E}\\ 0\end{bmatrix}\underbrace{(\boldsymbol{d}(t)-\hat{\boldsymbol{d}}_k)}_{d_{\Delta}(t)}+\begin{bmatrix}-\boldsymbol{E}\\ \boldsymbol{E}\end{bmatrix}\hat{\boldsymbol{d}}_k\\ \begin{bmatrix}\boldsymbol{x}_{\Delta}(t_k^+)\\ \boldsymbol{x}_{\mathrm{m}}(t_k^+)\end{bmatrix}=\begin{bmatrix}\boldsymbol{0}\\ \boldsymbol{x}(t_k)\end{bmatrix}\end{cases}\tag{4-15}$$

这有 $\boldsymbol{x}(t)=\boldsymbol{x}_{\mathrm{m}}(t)+\boldsymbol{x}_{\Delta}(t)$，其中

$$\boldsymbol{x}_{\mathrm{m}}(t)=\mathrm{e}^{\bar{\boldsymbol{A}}(t-t_k)}\boldsymbol{x}(t_k)+\bar{\boldsymbol{A}}^{-1}(\mathrm{e}^{\bar{\boldsymbol{A}}(t-t_k)}-\boldsymbol{I})\boldsymbol{E}\hat{\boldsymbol{d}}_k,\quad t_k\leqslant t<t_{k+1}\tag{4-16}$$

$$\boldsymbol{x}_{\Delta}(t)=\int_{t_k}^{t}\mathrm{e}^{\boldsymbol{A}(t-\tau)}\boldsymbol{E}\boldsymbol{d}_{\Delta}(\tau)\mathrm{d}\tau,\quad t_k\leqslant t<t_{k+1} \tag{4-17}$$

干扰估计误差记为 $\boldsymbol{d}_{\Delta}(t)=\boldsymbol{d}(t)-\hat{\boldsymbol{d}}_k$，可以看出 $\boldsymbol{x}_{\mathrm{m}}(t)$ 实际上是参考模型以 $\boldsymbol{x}_{\mathrm{m}}(t_k^+)=\boldsymbol{x}(t_k)$ 为初始状态，以 $\boldsymbol{d}(t)=\hat{\boldsymbol{d}}_k$ 为常数干扰，在 $t\in[t_k, t_{k+1})$ 内的状态轨迹。

2. 状态空间的有界性

将系统采用事件触发控制方法和连续反馈控制方法之间的状态行为进行比较研究，分析事件触发控制是否能够保持对应的连续状态反馈控制的性能。

事件触发控制系统回路由式(4-1)、式(4-12)描述，具体为

$$\dot{\boldsymbol{x}}(t)=\boldsymbol{A}\boldsymbol{x}(t)-\boldsymbol{B}\boldsymbol{K}\boldsymbol{x}_{\mathrm{m}}(t)+\boldsymbol{E}\boldsymbol{d}(t),\quad \boldsymbol{x}(0)=\boldsymbol{x}_0 \tag{4-18}$$

事件触发控制系统式(4-18)与连续状态反馈系统式(4-3)两者间的状态偏差为 $\boldsymbol{e}(t)=\boldsymbol{x}(t)-\boldsymbol{x}_{\mathrm{SF}}(t)$，下面分析偏差 $\boldsymbol{e}(t)$ 是否有界。

依据等式(4-3)和式(4-18)可得

$$\dot{\boldsymbol{e}}(t)=(\boldsymbol{A}-\boldsymbol{B}\boldsymbol{K})\boldsymbol{e}(t)+\boldsymbol{B}\boldsymbol{K}(\boldsymbol{x}(t)-\boldsymbol{x}_{\mathrm{m}}(t))$$

其中 $\boldsymbol{x}_{\Delta}(t)=\boldsymbol{x}(t)-\boldsymbol{x}_{\mathrm{m}}(t)$，可得

$$\dot{\boldsymbol{e}}(t)=\bar{\boldsymbol{A}}\boldsymbol{e}(t)+\boldsymbol{B}\boldsymbol{K}\boldsymbol{x}_{\Delta}(t),\quad \boldsymbol{e}(0)=0$$

可得

$$\boldsymbol{e}(t)=\int_0^t\mathrm{e}^{\bar{\boldsymbol{A}}\tau}\boldsymbol{B}\boldsymbol{K}\cdot\boldsymbol{x}_{\Delta}(t-\tau)\mathrm{d}\tau$$

又因状态偏差满足 $\|\boldsymbol{x}_{\Delta}(t)\|\leqslant\bar{e}_{\max}$，触发间隔满足 $T_{\mathrm{act}}\leqslant T_{\max}$，故有

$$\begin{aligned}\|\boldsymbol{e}(t)\|&=\left\|\int_0^t\mathrm{e}^{\bar{\boldsymbol{A}}\tau}\boldsymbol{B}\boldsymbol{K}\cdot\boldsymbol{x}_{\Delta}(t-\tau)\mathrm{d}\tau\right\|\\&\leqslant\bar{e}_{\max}\cdot\int_0^{T_{\max}}\|\mathrm{e}^{\bar{\boldsymbol{A}}\tau}\boldsymbol{B}\boldsymbol{K}\|\mathrm{d}\tau\end{aligned}$$

即有

$$\|\boldsymbol{e}(t)\|\leqslant e_{\max}=\bar{e}_{\max}\cdot\int_0^{T_{\max}}\|G(\tau)\|\mathrm{d}\tau \tag{4-19}$$

其中 $G(\tau)=\mathrm{e}^{\bar{\boldsymbol{A}}\tau}\boldsymbol{B}\boldsymbol{K}$。归纳以上推导，可得如下定理。

定理 4.1 事件触发控制回路和连续状态反馈控制回路之间的状态偏差 $\boldsymbol{e}(t)$ 有界，$\boldsymbol{e}(t)$ 受到不等式(4-19)的约束。

这样的事件触发控制系统状态 $\boldsymbol{x}(t)$ 满足：

$$\boldsymbol{x}(t)\in\Omega_e(\boldsymbol{x}_{\mathrm{SF}}(t))=\{\boldsymbol{x}\mid\|\boldsymbol{x}-\boldsymbol{x}_{\mathrm{SF}}(t)\|\leqslant e_{\max}\} \tag{4-20}$$

注释：以上定理成立的前提是触发机制的参数选取适当，特别是触发门限

的上限 $\bar{e}_{\max}$ 必须足够大，否则可能在小于最小间隔 $T_{\min}$ 的时间段内，就出现 $\|\boldsymbol{x}_{\Delta}(t)\| > \bar{e}_{\max}$，也就是说 $\bar{e}_{\max}$ 的取值要确保在 $T_{\min}$ 的时间段内，有 $\bar{e}_{\max} > \|\boldsymbol{x}_{\Delta}(t)\|$，基于这一点，下面给出一种 $\bar{e}_{\max}$ 的取值方法：

因

$$
\begin{aligned}
\|\boldsymbol{x}_{\Delta}(t)\| &= \left\| \int_{t_k}^{t+T_{\min}} \mathrm{e}^{\boldsymbol{A}(t-\tau)} \boldsymbol{E} \boldsymbol{d}_{\Delta}(\tau) \mathrm{d}\tau \right\| \\
&\leqslant \left\| \int_{0}^{T_{\min}} \mathrm{e}^{\boldsymbol{A}\tau} \boldsymbol{E} \mathrm{d}\tau \right\| \cdot \|\boldsymbol{d}_{\Delta}(\tau)\| \\
&\leqslant 2d_{\max} \cdot \left\| \int_{0}^{T_{\min}} \mathrm{e}^{\boldsymbol{A}\tau} \boldsymbol{E} \mathrm{d}\tau \right\|
\end{aligned}
$$

所以 $\bar{e}_{\max}$ 在取值大于 $2d_{\max} \cdot \left\| \int_{0}^{T_{\min}} \mathrm{e}^{\boldsymbol{A}\tau} \boldsymbol{E} \mathrm{d}\tau \right\|$ 的情况下能够确保定理 4.1 成立。

3. 干扰变化对事件触发的影响

分析公式(4－17)可知，在某一触发间隔内被控对象与参考模型之间状态的偏差直接由干扰估计误差 $\boldsymbol{d}_{\Delta}(t)=\boldsymbol{d}(t)-\hat{\boldsymbol{d}}_k$ 决定，而 $\boldsymbol{d}_{\Delta}(t)$ 的大小很大程度上是受估计方法的影响，公式(4－10)估计方法的前提条件是假设在触发时间间隔内干扰变化为零，也就是说，当干扰 $\boldsymbol{d}(t)$ 变化很小时，假设成立，公式(4－10)的估计误差 $\boldsymbol{d}_{\Delta}(t)$ 很小，这致使状态偏差 $\boldsymbol{x}_{\Delta}(t)$ 很小，当 $\|\boldsymbol{x}_{\Delta}(t)\| < \bar{e}$ 时，就不会触发事件，也就是说本节的触发机制是对干扰的变化敏感，而非对干扰本身的大小敏感。

为了证明这一点，假定 t_k 时刻之后的干扰为 $\boldsymbol{d}(t)=\hat{\boldsymbol{d}}_k+\delta\boldsymbol{d}_{\delta}(t)$，其中 $\hat{\boldsymbol{d}}_k$ 代表了干扰中的不变成分或慢变成分，$\delta\boldsymbol{d}_{\delta}(t)$ 为干扰的变化成分，其中

$$
\|\boldsymbol{d}_{\delta}(t)\| \leqslant 1, \quad t \geqslant 0 \tag{4-21}
$$

其中 $\delta > 0$，是一个常数，决定干扰的变化成分的幅度。

定理 4.2　对于范数有界信号 $\boldsymbol{d}_{\delta}(t)$ 存在一个幅度 $\delta>0$，使得系统在干扰变化不超过 $\delta\boldsymbol{d}_{\delta}(t)$ 的情况下，状态偏差因素不会导致事件触发。

证明　在干扰为 $\boldsymbol{d}(t)=\hat{\boldsymbol{d}}_k+\delta\boldsymbol{d}_{\delta}(t)$ 的情况下，如果干扰变化足够小，也就是$\delta>0$ 足够小时，采用本节提出的事件触发机制，会强制系统在时间间隔 $T_{\mathrm{act}}=T_{\max}$ 时触发事件，这会导致干扰被重新估计，这也就是说在未来的触发时刻 t_{k+i}，$i \in \mathbb{N}_+$，最大干扰偏差范数满足 $\|\boldsymbol{d}(t)-\hat{\boldsymbol{d}}_{k+i}\| \leqslant 2\delta$。

状态偏差因素不会导致事件发生需满足下式：

$$
\|\boldsymbol{x}_{\Delta}(t)\| = \left\| \int_{t_{k+i}}^{t} \mathrm{e}^{\boldsymbol{A}(t-\tau)} \boldsymbol{E}(\boldsymbol{d}(t)-\hat{\boldsymbol{d}}_{k+i}) \mathrm{d}\tau \right\| < \bar{e} \tag{4-22}
$$

式(4－22)等号右边部分满足：

$$\begin{aligned}\left\|\int_{t_{k+i}}^{t} e^{\boldsymbol{A}(t-\tau)}\boldsymbol{E}(\boldsymbol{d}(t)-\hat{\boldsymbol{d}}_{k+i})\mathrm{d}\tau\right\| &\leqslant \int_{t_{k+i}}^{t} \| e^{\boldsymbol{A}(t-\tau)}\boldsymbol{E}\| \, \|(\boldsymbol{d}(t)-\hat{\boldsymbol{d}}_{k+i})\| \mathrm{d}\tau \\ &\leqslant 2\delta\cdot\int_{t_{k+i}}^{t} \| e^{\boldsymbol{A}(t-\tau)}\boldsymbol{E}\| \mathrm{d}\tau \\ &\leqslant 2|\delta|\cdot \max_{T_{\min}\leqslant t\leqslant T_{\max}} \left\|\int_{0}^{t} e^{\boldsymbol{A}(t-\tau)}\boldsymbol{E}\mathrm{d}\tau\right\| \\ &\leqslant 2\delta\cdot\int_{0}^{T_{\max}} \| e^{\boldsymbol{A}\tau}\boldsymbol{E}\| \mathrm{d}\tau\end{aligned}$$

因此，状态偏差因素不会导致事件发生的条件是

$$0<\delta<\frac{\bar{e}_{\min}}{2\int_{0}^{T_{\max}} \| e^{\boldsymbol{A}\tau}\boldsymbol{E}\| \mathrm{d}\tau} \tag{4-23}$$

推论 4.1 如果干扰变化满足公式(4－23)，本节的控制方法将退化为采样间隔为 $T_{\max}$ 的等间隔控制方法。

依据触发条件式(4－14)很容易得到推论 4.1。

4.1.4 数值仿真

为了验证本节方法的有效性和结论的正确性，仿真采用文献[30]中算例，系统模型为公式(4－1)、(4－2)所示，式中各系数矩阵取值如下：

$$\boldsymbol{A}=\begin{bmatrix}-0.8\times10^{-3} & 0\\ 1\times10^{-10} & -1.7\times10^{-3}\end{bmatrix}$$

$$\boldsymbol{B}=\begin{bmatrix}0.211 & 0\\ 0.108 & 0.02\end{bmatrix}$$

$$\boldsymbol{E}=\begin{bmatrix}0.07\\ -0.04\end{bmatrix}$$

$$\boldsymbol{K}=\begin{bmatrix}0.08 & -0.02\\ 0.17 & 0.72\end{bmatrix}$$

1. 结论正确性验证仿真

下面给出本节方法所得的仿真结果。图 4－3 给出的是仿真中系统所受干扰(虚线)和仿真所得的干扰估计曲线(实线)，系统在 0～30 s 的时间段内所受的干扰信号是幅值不断减小的正弦信号，在 30～60 s 的时间段内干扰信号幅值为 0，在 60～90 s 的时间段内干扰信号是均值为 1 的小幅振荡时变干扰，在 90～120 s 的时间段内干扰信号是均值为 0 的小幅振荡时变干扰。

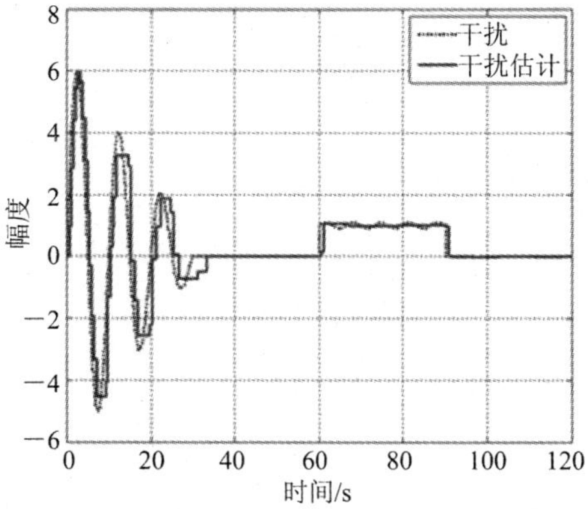

图 4－3　干扰和干扰估计曲线

图 4－4 给出的是触发门限随时间的变化曲线，可以看出在 0～8 s 的时间段内，由于系统所受干扰变化非常强，触发门限迅速增大，此后的一段时间内，由于干扰变化逐步减小，门限不再增大，30 s 之后的干扰为 0 或小幅振荡，经过一段时间后(约为 $N \times T_{max}$)，触发门限逐步减小。

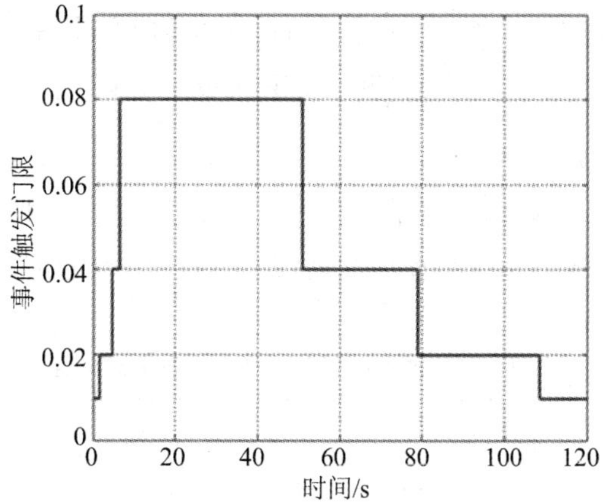

图 4－4　触发门限变化曲线

图 4－5 给出的是事件触发间隔散点图，由于在前 8 s 时间段内干扰变化剧烈，触发间隔多次被限制在设置的小时间间隔 T_{min} 内，此后触发间隔逐步增大；在 60 s、90 s 时刻由于干扰变化剧烈，触发间隔迅速减小，最小达到触发机制中所设置的最小时间间隔 T_{min}，而在干扰为 0，均值不为 0 的小幅振荡和均值为 0 的小幅振荡的时候，触发门限均达到触发条件设置的最大值 T_{max}，这也验证了定理 4.2 的正确性。

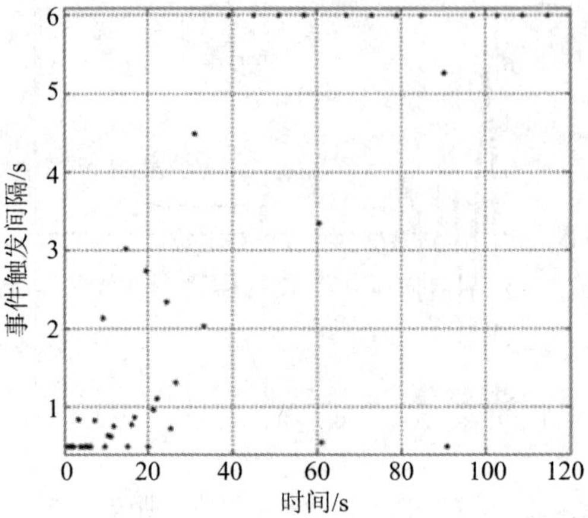

图 4－5 事件触发间隔散点图

2. 本节方法优越性验证仿真

为了进一步说明本节方法的优越性，下面将本节方法和周期采样方法以及文献[30]的方法进行对比仿真。对比各种方法与理想连续反馈控制的状态偏差、所达到的最小通信时间间隔 $T_{\min}$ 以及在 120 s 仿真时间段内的通信次数。为了方便状态偏差的对比，定义了长时间状态偏差积累 $J=\int_0^{120}\|\boldsymbol{x}(t)-\boldsymbol{x}_{\mathrm{SF}}(\mathrm{t})\|\,\mathrm{d}t$ 和瞬时最大状态偏差范数 $e_{\max}^{x}=\mathrm{ess}\max\|\boldsymbol{x}(t)-\boldsymbol{x}_{\mathrm{SF}}(t)\|$ 两个度量指标。

所得仿真结果如表 4－1 所示，表中分别列出了采样周期为 0.5 s 的周期采样方法、文献[30]的触发门限分别取 $\bar{e}=0.01$ 和 $\bar{e}=0.02$ 的固定门限方法以及本节方法所得结果。

表 4－1 不同控制方法下的仿真结果

指标	周期采样 $h=0.5$ s	文献[30] $\bar{e}=0.01$	文献[30] $\bar{e}=0.02$	本节方法
J	29.88	4.3	11.8	8.3
$e_{\max}^{x}$	0.006	0.0009	0.0028	0.0029
$T_{\min}$	—	0.16	0.21	0.5
通信次数	239	110	69	47

由表 4－1 可知，从状态偏差的角度来看，无论是长时间偏差积累 J 还是瞬时最大状态偏差 $e_{\max}^{x}$，事件触发控制要优于周期采样方法，而且还能极大减少通信次数。文献[30]采用的固定门限的方法，当门限取值比较小时，状态偏差的程度也较小，但是需要的通信次数比较多，特别是最小触发间隔也很小；

当门限取值比较大时，状态偏差的程度也较大，通信次数比较少，最小触发间隔也有所增大，但增大不是很明显。而本节的可变门限方法，较文献[30]取 $\bar{e}=0.02$ 时的方法，长时间状态偏差积累明显减小，瞬时最大状态偏差有所增大但基本持平，而最小触发间隔却提高一倍以上，总的通信次数也明显降低。

将相关矩阵和参数代入公式(4－23)右边可得 $\dfrac{\bar{e}_{\min}}{2\int_0^{T_{\max}}\|\mathrm{e}^{\boldsymbol{A}\tau}\boldsymbol{E}\|\,\mathrm{d}\tau}=0.001$，依据定理 4.2 可知，当 $\delta<0.001$ 时，状态偏差因素不会导致事件发生，依据推论 4.1 可知，此时系统应工作在周期采样控制模式。为了验证以上结论，采用如上仿真参数，对系统施加波形如图 4－6 所示的干扰信号，如果干扰信号变化成分表示为 $\delta\boldsymbol{d}_{\delta}(t)$，图中的幅度 $\delta=0.001$。图 4－7 给出了干扰信号幅度 $\delta=0.001$ 时的干扰信号和干扰信号估计曲线，图 4－8 给出了干扰信号幅度 $\delta=0.001$ 时的事件触发间隔散点图，从图中可以看出，除了第一次触发间隔约 1 s 外，触发间隔均为 $T_{\max}=6$ s，在 1.04 s 时刻干扰估计信号变化后，干扰估计信号的变化也是等间隔的，这说明仿真过程中，1.04 s 之后的事件发生不是由状态偏差因素导致的，从正面验证了定理 4.2 的正确性；第一次干扰估计后，系统控制退化为采样间隔为 $T_{\max}$ 的周期采样控制，证实了推论 4.1 的正确性。图 4－9 给出了干扰信号幅度 $\delta=0.002$ 时的干扰信号和干扰信号估计曲线，图 4－10 给出了干扰信号幅度 $\delta=0.002$ 时的事件触发间隔散点图。从图中可以看出，除了第一次外，其他触发间隔也多次小于 $T_{\max}=6$ s，除第一次估计信号变化外，其他时刻干扰估计信号的变化非等间隔，这说明在仿真过程中有的事件发生是由状态偏差因素导致的，这从反面验证了定理 4.2 的正确性。

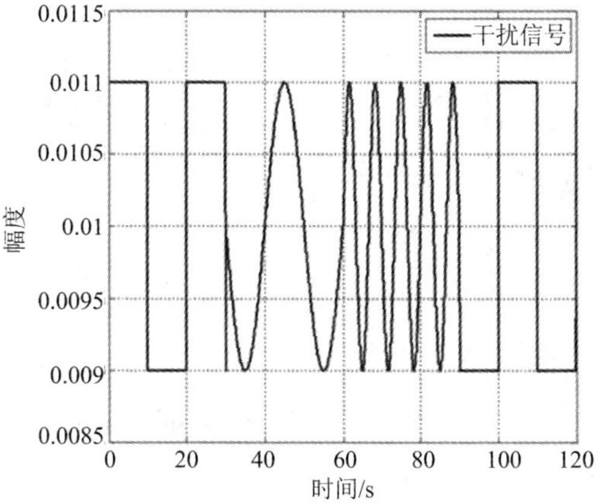

图 4－6　干扰信号波形图

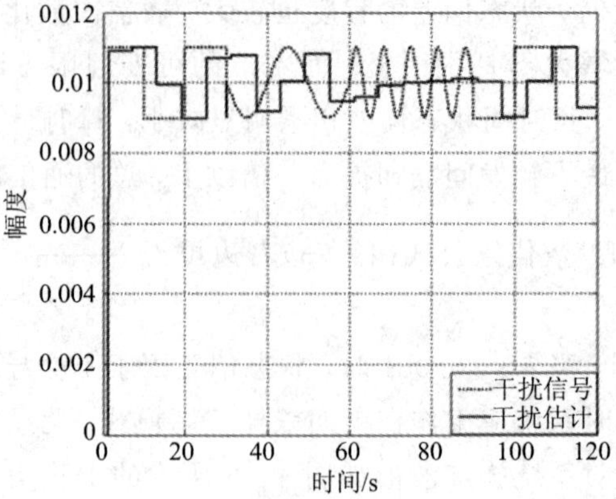

图 4-7　干扰信号幅度 $\delta=0.001$ 时的干扰信号和干扰估计曲线

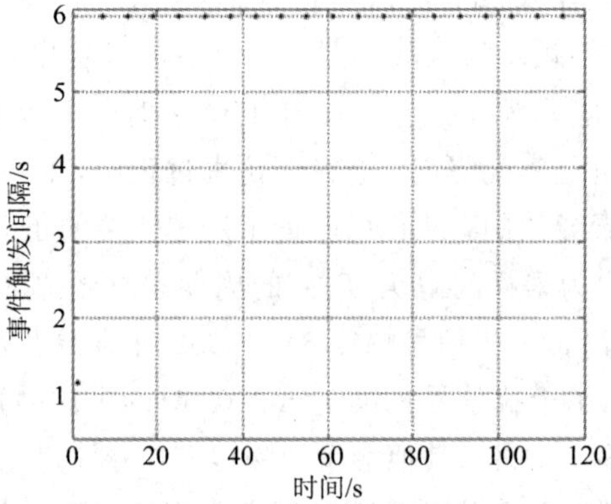

图 4-8　干扰信号幅度 $\delta=0.001$ 时的事件触发间隔散点图

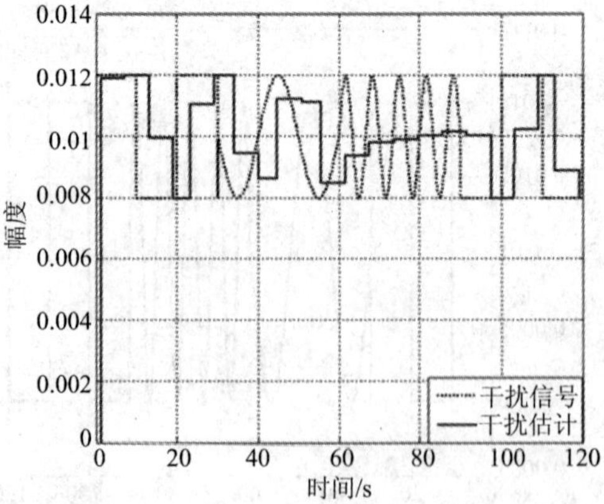

图 4-9　干扰信号幅度 $\delta=0.002$ 时的干扰信号和干扰估计曲线

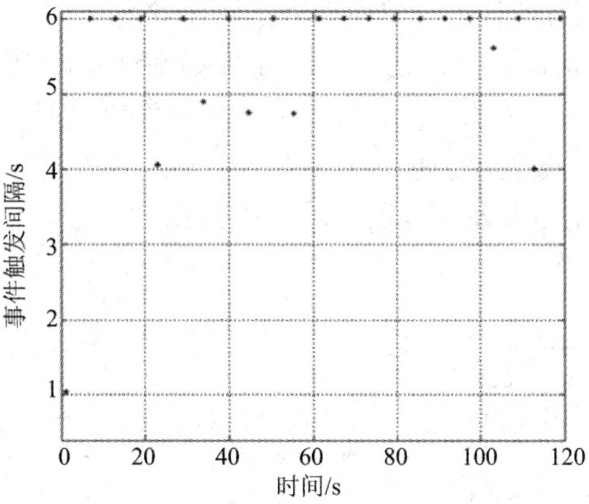

图 4-10　干扰信号幅度 $\delta=0.002$ 时的事件触发间隔散点图

4.2　基于模型的周期事件触发控制

从 4.2 节的分析和仿真结果可看出，连续监测的 MB-ETC 中，如果采用静态门限触发机制，静态门限值决定着系统最终稳定区域的大小，此方法不能够实时跟踪系统的工作状态，调整稳定区域的大小，从而难以实现精确的控制；但是如果采用动态门限，连续监测容易导致 Zeno 现象的发生。因此，本节在 4.2 节的基础上提出一种线性系统在受扰情况下离散周期监测的动态门限 MB-PETC 方法，将系统建模为 PWL 系统，基于 PWL 系统理论，对系统的稳定性分析和触发机制设计问题进行研究。

4.2.1　基于模型的周期事件触发控制问题描述

考虑如下模型已知的离散化被控对象：

$$\boldsymbol{x}_{k+1}=\boldsymbol{A}\boldsymbol{x}_k+\boldsymbol{B}\boldsymbol{u}_k+\boldsymbol{E}\boldsymbol{w}_k \tag{4-24}$$

其中，$\boldsymbol{x}_k\in\mathbb{R}^n$ 为系统状态，能够被测量；控制输入 $\boldsymbol{u}_k\in\mathbb{R}^m$；干扰 $\boldsymbol{w}_k\in\mathbb{R}^p$，不同于 4.2 节，本节没有对干扰大小做出限制，也不要求系统矩阵 $\boldsymbol{A}$ 可逆。如果采用如下状态反馈控制律：

$$\boldsymbol{u}_k=-\boldsymbol{K}\boldsymbol{x}_k \tag{4-25}$$

系统能够获得满意的闭环控制性能，这样被控对象采用离散状态反馈控制时的闭环表达式为

$$\dot{\boldsymbol{x}}_k^{\mathrm{SF}}=\underbrace{(\boldsymbol{A}-\boldsymbol{B}\boldsymbol{K})}_{\bar{\boldsymbol{A}}}\boldsymbol{x}_k^{\mathrm{SF}}+\boldsymbol{E}\boldsymbol{w}_k^{\mathrm{SF}},\quad \boldsymbol{x}_0^{\mathrm{SF}}=\boldsymbol{x}_0 \tag{4-26}$$

其中，$\boldsymbol{x}_k^{SF} \in \mathbb{R}^n$ 为闭环状态反馈控制时的系统状态。

结合 4.2 节的系统构成思路，建立原理如图 4 - 11 所示的 MB-PETC 系统。系统工作流程与 4.2 节类似，与 4.2 节中不同之处是，图 4 - 11 中参考模型工作在离散状态，触发机制也是离散周期监测。为了便于系统建模分析及方法的实现，不同于 4.2 节及文献[40]中的系统结构，图 4 - 11 中没有设计干扰估计这一环节。

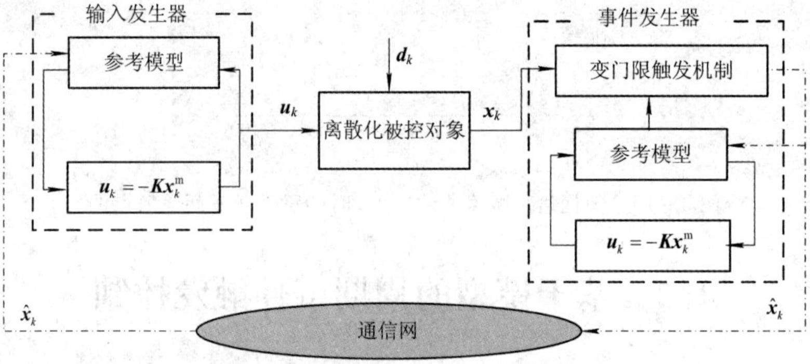

图 4 - 11　MB-PETC 系统原理图

图 4 - 11 中参考模型的开环表达式为

$$\boldsymbol{x}_{k+1}^{m}=\boldsymbol{A}\boldsymbol{x}_k^{m}+\boldsymbol{B}\boldsymbol{u}_k^{m},\quad \boldsymbol{x}_0^{m}=\boldsymbol{x}_0 \tag{4-27}$$

其中，$\boldsymbol{x}_k^{m} \in \mathbb{R}^n$ 为参考模型状态，输入到参考模型和被控对象的控制量为

$$\boldsymbol{u}_k=-\boldsymbol{K}\boldsymbol{x}_k^{m} \tag{4-28}$$

动态门限事件触发条件为

$$\|\boldsymbol{x}_k-\boldsymbol{x}_k^{m}\|>\sigma\|\boldsymbol{x}_k\| \tag{4-29}$$

$\boldsymbol{x}_k^{m}$ 实际取值规则为

$$\boldsymbol{x}_k^{m}=\begin{cases}\boldsymbol{x}_k & \|\boldsymbol{e}_k\|^2>\sigma^2\|\boldsymbol{x}_k\|^2\\ \boldsymbol{x}_k^{m} & \|\boldsymbol{e}_k\|^2\leqslant\sigma^2\|\boldsymbol{x}_k\|^2\end{cases} \tag{4-30}$$

其中 $\boldsymbol{e}_k$ 为参考模型状态与被控对象状态之间的偏差，即有

$$\boldsymbol{e}_k=\boldsymbol{x}_k^{m}-\boldsymbol{x}_k \tag{4-31}$$

4.2.2　系统建模

参考模型的工作模型为

$$\boldsymbol{x}_{k+1}^{m}=\begin{cases}\boldsymbol{A}\boldsymbol{x}_k+\boldsymbol{B}\boldsymbol{K}\boldsymbol{x}_k & \|\boldsymbol{x}_k^{m}-\boldsymbol{x}_k\|>\sigma^2\|\boldsymbol{x}_k\|\\ \boldsymbol{A}\boldsymbol{x}_k^{m}+\boldsymbol{B}\boldsymbol{K}\boldsymbol{x}_k^{m} & \|\boldsymbol{x}_k^{m}-\boldsymbol{x}_k\|\leqslant\sigma^2\|\boldsymbol{x}_k\|\end{cases} \tag{4-32}$$

扩大状态变量 $\boldsymbol{\chi}_k=[\boldsymbol{x}_k^{T}\quad \boldsymbol{x}_k^{mT}]^{T}$，则 MB-PETC 系统可建模为如下的

PWL 系统：

$$\boldsymbol{\chi}_{k+1}=\begin{cases}\boldsymbol{A}_1\boldsymbol{\chi}_k+\boldsymbol{E}\boldsymbol{w}_k & f_{\mathrm{C}}(\boldsymbol{\chi}(t_k))>0\\ \boldsymbol{A}_2\boldsymbol{\chi}_k+\boldsymbol{E}\boldsymbol{w}_k & f_{\mathrm{C}}(\boldsymbol{\chi}(t_k))\leqslant 0\end{cases} \tag{4-33}$$

其中 $\boldsymbol{A}_1=\begin{bmatrix}\boldsymbol{A}+\boldsymbol{BK} & \boldsymbol{0}\\ \boldsymbol{A}+\boldsymbol{BK} & \boldsymbol{0}\end{bmatrix}$，$\boldsymbol{A}_2=\begin{bmatrix}\boldsymbol{A} & \boldsymbol{BK}\\ \boldsymbol{0} & \boldsymbol{A}+\boldsymbol{BK}\end{bmatrix}$。

扩大状态变量之后，动态门限触发条件式(4-29)变为

$$f_{\mathrm{C}}(\boldsymbol{\chi}_k)=\boldsymbol{\chi}^{\mathrm{T}}(t_k)\boldsymbol{Q}\boldsymbol{\chi}(t_k) \tag{4-34}$$

其中 $\boldsymbol{Q}$ 的取值为

$$\boldsymbol{Q}=\begin{bmatrix}\boldsymbol{I}-\sigma^2\boldsymbol{I} & -\boldsymbol{I}\\ -\boldsymbol{I} & \boldsymbol{I}\end{bmatrix} \tag{4-35}$$

定义性能输出为

$$\boldsymbol{z}_k=\boldsymbol{C}_{zx}\boldsymbol{x}_k+\boldsymbol{D}_z\boldsymbol{w}_k \tag{4-36}$$

定义 4.1　对于系统式(4-33)，当 $\boldsymbol{w}=0$，称系统全局指数稳定(GES)，则意味着存在实数 $c>0$ 和 $\rho\in[0,1)$ 对所有的初始状态 $\boldsymbol{\chi}_0\in\mathbb{R}^{n_\chi}$ 和 $\boldsymbol{w}_k=0$，$k\in\mathbb{N}$，系统式(4-33)的解满足

$$\|\boldsymbol{\chi}_k\|\leqslant c\rho^k\|\boldsymbol{\chi}_0\|$$

定义 4.2　系统式(4-33)、式(4-36)具有由 $\boldsymbol{w}$ 到 $\boldsymbol{z}$ 的不大于 $\gamma(\gamma\in\mathbb{R}_+)$ 的 L_2 增益的条件是，存在函数 $\beta:\mathbb{R}^{n_\xi}\rightarrow\mathbb{R}$，对所有初始状态 $\boldsymbol{\chi}_0\in\mathbb{R}^{n_\xi}$ 和干扰 $\boldsymbol{w}_k\in L_2^{n_w}$，满足

$$\|\boldsymbol{z}\|_{L_2}\leqslant\beta(\boldsymbol{\chi}_0)+\gamma\|\boldsymbol{w}\|_{L_2}$$

L_2 增益就是所有 γ 的下确界。

信号 $\boldsymbol{v}$ 的 L_2 范数定义为 $\|\boldsymbol{v}\|_{L_2}=\left(\int_0^\infty \boldsymbol{v}^{\mathrm{T}}(t)\boldsymbol{v}(t)\mathrm{d}t\right)^{\frac{1}{2}}$。

4.2.3　系统稳定结论

定理 4.3　由式(4-24)、式(4-27)、式(4-28)和式(4-36)构成的 PETC 系统，具有不大于 $\gamma(\gamma\in\mathbb{R}_+)$ 的 L_2 增益而且当 $w=0$ 时系统 GES 的条件是，存在正定矩阵 $\boldsymbol{P}_1$ 和 $\boldsymbol{P}_2$，标量 $\varepsilon\in\mathbb{R}_+$，$\alpha_{ij}\in\mathbb{R}_+$，$\alpha_i\in\mathbb{R}_+$，$\beta_{ij}\in\mathbb{R}_+$，$i,j\in\{1,2\}$，满足

$$\begin{bmatrix}\boldsymbol{A}_i^{\mathrm{T}}\boldsymbol{P}_j\boldsymbol{A}_i-\boldsymbol{P}_i-(-1)^i a_{ij}\boldsymbol{Q}-(-1)^j b_{ij}\boldsymbol{A}_i^{\mathrm{T}}\boldsymbol{Q}\boldsymbol{A}_i+\varepsilon\boldsymbol{I} & -(-1)^j b_{ij}\boldsymbol{A}_i^{\mathrm{T}}\boldsymbol{Q}+\boldsymbol{A}_i^{\mathrm{T}}\boldsymbol{P}_j\boldsymbol{E} & \boldsymbol{C}^{\mathrm{T}}\\ * & -(-1)^j b_{ij}\boldsymbol{E}^{\mathrm{T}}\boldsymbol{Q}\boldsymbol{E}+\boldsymbol{E}^{\mathrm{T}}\boldsymbol{P}_j\boldsymbol{E}-\gamma^2\boldsymbol{I} & \boldsymbol{D}^{\mathrm{T}}\\ * & * & -\boldsymbol{I}\end{bmatrix}\leqslant 0,\quad i,j\in\{1,2\} \tag{4-37}$$

和

$$P_i+(-1)^i\alpha_i Q>0,\quad i\in\{1,\ 2\} \tag{4-38}$$

其中 $C=[C_{zx}\quad 0]$。

证明 由于式(4-24)、式(4-27)、式(4-28)构成的 PETC 系统等效为式(4-33)系统，故只需证明式(4-33)系统满足定理条件即可。基于 Lyapunov 理论直接证明这一问题，取分段 Lyapunov 函数：

$$V(\chi_k)=\begin{cases}\chi_k^{\mathrm{T}}P_1\chi_k & \chi_k^{\mathrm{T}}Q\chi_k>0\\ \chi_k^{\mathrm{T}}P_2\chi_k & \chi_k^{\mathrm{T}}Q\chi_k\leqslant 0\end{cases} \tag{4-39}$$

如果存在标量 $\alpha_1\geqslant 0$、$\alpha_2\geqslant 0$，满足式(4-38)，即有 $P_1-\alpha_1 Q\geqslant 0$ 和 $P_2+\alpha_2 Q\geqslant 0$。这意味着当 $\chi_k^{\mathrm{T}}Q\chi_k>0$ 时，有

$$\begin{aligned}V(\chi_k)&=\chi_k^{\mathrm{T}}P_1\chi_k=\chi_k^{\mathrm{T}}(P_1-\alpha_1 Q)\chi_k+\alpha_1\chi_k^{\mathrm{T}}Q\chi_k\\&>\lambda_{\min}(P_1-\alpha_1 Q)\,\|\chi_k\|^2\end{aligned}$$

当 $\chi_k^{\mathrm{T}}Q\chi_k\leqslant 0$ 时，有

$$\begin{aligned}V(\chi_k)&=\chi_k^{\mathrm{T}}P_2\chi_k=\chi_k^{\mathrm{T}}(P_2+\alpha_2 Q)\chi_k-\alpha_2\chi_k^{\mathrm{T}}Q\chi_k\\&\geqslant\lambda_{\min}(P_2+\alpha_2 Q)\,\|\chi_k\|^2\end{aligned}$$

综合可得，存在 $c_1=\min\{\lambda_{\min}(P_1-\alpha_1 Q),\lambda_{\min}(P_2+\alpha_2 Q)\}>0$ 和足够大的 $c_2>c_1$，满足 Lyapunov 指数稳定条件中的 $c_1\|\chi_k\|\leqslant V(\chi_k)\leqslant c_2\|\chi_k\|$。

因

$$V(\chi_{k+1})=\begin{cases}\chi_{k+1}^{\mathrm{T}}P_1\chi_{k+1} & \chi_{k+1}^{\mathrm{T}}Q\chi_{k+1}>0\\ \chi_{k+1}^{\mathrm{T}}P_2\chi_{k+1} & \chi_{k+1}^{\mathrm{T}}Q\chi_{k+1}\leqslant 0\end{cases}$$

$$=\begin{cases}\chi_k^{\mathrm{T}}A_1^{\mathrm{T}}P_1A_1\chi_k+\chi_k^{\mathrm{T}}A_1^{\mathrm{T}}P_1Ew_k+w_k^{\mathrm{T}}E^{\mathrm{T}}P_1A_1\chi_k+w_k^{\mathrm{T}}E^{\mathrm{T}}P_1Ew_k\\ \chi_k^{\mathrm{T}}Q\chi_k>0\text{ 且 }\chi_k^{\mathrm{T}}A_1^{\mathrm{T}}QA_1\chi_k+\chi_k^{\mathrm{T}}A_1^{\mathrm{T}}QEw_k+w_k^{\mathrm{T}}E^{\mathrm{T}}QA_1\chi_k+w_k^{\mathrm{T}}E^{\mathrm{T}}QEw_k>0\\ \chi_k^{\mathrm{T}}A_2^{\mathrm{T}}P_1A_2\chi_k+\chi_k^{\mathrm{T}}A_2^{\mathrm{T}}P_1Ew_k+w_k^{\mathrm{T}}E^{\mathrm{T}}P_1A_2\chi_k+w_k^{\mathrm{T}}E^{\mathrm{T}}P_1Ew_k\\ \chi_k^{\mathrm{T}}Q\chi_k\leqslant 0\text{ 且 }\chi_k^{\mathrm{T}}A_2^{\mathrm{T}}QA_2\chi_k+\chi_k^{\mathrm{T}}A_2^{\mathrm{T}}QEw_k+w_k^{\mathrm{T}}E^{\mathrm{T}}QA_2\chi_k+w_k^{\mathrm{T}}E^{\mathrm{T}}QEw_k>0\\ \chi_k^{\mathrm{T}}A_1^{\mathrm{T}}P_2A_1\chi_k+\chi_k^{\mathrm{T}}A_1^{\mathrm{T}}P_2Ew_k+w_k^{\mathrm{T}}E^{\mathrm{T}}P_2A_1\chi_k+w_k^{\mathrm{T}}E^{\mathrm{T}}P_2Ew_k\\ \chi_k^{\mathrm{T}}Q\chi_k>0\text{ 且 }\chi_k^{\mathrm{T}}A_1^{\mathrm{T}}QA_1\chi_k+\chi_k^{\mathrm{T}}A_1^{\mathrm{T}}QEw_k+w_k^{\mathrm{T}}E^{\mathrm{T}}QA_1\chi_k+w_k^{\mathrm{T}}E^{\mathrm{T}}QEw_k\leqslant 0\\ \chi_k^{\mathrm{T}}A_2^{\mathrm{T}}P_2A_2\chi_k+\chi_k^{\mathrm{T}}A_2^{\mathrm{T}}P_2Ew_k+w_k^{\mathrm{T}}E^{\mathrm{T}}P_2A_2\chi_k+w_k^{\mathrm{T}}E^{\mathrm{T}}P_2Ew_k\\ \chi_k^{\mathrm{T}}Q\chi_k\leqslant 0\text{ 且 }\chi_k^{\mathrm{T}}A_2^{\mathrm{T}}QA_2\chi_k+\chi_k^{\mathrm{T}}A_2^{\mathrm{T}}QEw_k+w_k^{\mathrm{T}}E^{\mathrm{T}}QA_2\chi_k+w_k^{\mathrm{T}}E^{\mathrm{T}}QEw_k\leqslant 0\end{cases}$$

对于离散系统式(4-33)和式(4-36)，系统同时满足存在小于等于 γ 的 L_2 增益且在 $w=0$ 时指数稳定的要求是，耗散不等式

$$V(\chi_{k+1})\leqslant V(\chi_k)-\varepsilon\|\chi_k\|^2-\|z_k\|^2+\gamma^2\|w_k\|^2$$

成立，这等于要求

$$
V(\chi_{k+1})=\begin{cases}
\chi_k^{\mathrm T}A_1^{\mathrm T}P_1A_1\chi_k+\chi_k^{\mathrm T}A_1^{\mathrm T}P_1Ew_k+w_k^{\mathrm T}E^{\mathrm T}P_1A_1\chi_k+w_k^{\mathrm T}E^{\mathrm T}P_1Ew_k\leqslant\chi_k^{\mathrm T}P_1\chi_k-\varepsilon\chi_k^{\mathrm T}\chi_k-z_k^{\mathrm T}z_k+\gamma^2w_k^{\mathrm T}w_k\\
\qquad\chi_k^{\mathrm T}Q\chi_k>0\text{ 且 }\chi_k^{\mathrm T}A_1^{\mathrm T}QA_1\chi_k+\chi_k^{\mathrm T}A_1^{\mathrm T}QEw_k+w_k^{\mathrm T}E^{\mathrm T}QA_1\chi_k+w_k^{\mathrm T}E^{\mathrm T}QEw_k>0\\
\chi_k^{\mathrm T}A_2^{\mathrm T}P_1A_2\chi_k+\chi_k^{\mathrm T}A_2^{\mathrm T}P_1Ew_k+w_k^{\mathrm T}E^{\mathrm T}P_1A_2\chi_k+w_k^{\mathrm T}E^{\mathrm T}P_1Ew_k\leqslant\chi_k^{\mathrm T}P_2\chi_k-\varepsilon\chi_k^{\mathrm T}\chi_k-z_k^{\mathrm T}z_k+\gamma^2w_k^{\mathrm T}w_k\\
\qquad\chi_k^{\mathrm T}Q\chi_k\leqslant0\text{ 且 }\chi_k^{\mathrm T}A_2^{\mathrm T}QA_2\chi_k+\chi_k^{\mathrm T}A_2^{\mathrm T}QEw_k+w_k^{\mathrm T}E^{\mathrm T}QA_2\chi_k+w_k^{\mathrm T}E^{\mathrm T}QEw_k>0\\
\chi_k^{\mathrm T}A_1^{\mathrm T}P_2A_1\chi_k+\chi_k^{\mathrm T}A_1^{\mathrm T}P_2Ew_k+w_k^{\mathrm T}E^{\mathrm T}P_2A_1\chi_k+w_k^{\mathrm T}E^{\mathrm T}P_2Ew_k\leqslant\chi_k^{\mathrm T}P_1\chi_k-\varepsilon\chi_k^{\mathrm T}\chi_k-z_k^{\mathrm T}z_k+\gamma^2w_k^{\mathrm T}w_k\\
\qquad\chi_k^{\mathrm T}Q\chi_k>0\text{ 且 }\chi_k^{\mathrm T}A_1^{\mathrm T}QA_1\chi_k+\chi_k^{\mathrm T}A_1^{\mathrm T}QEw_k+w_k^{\mathrm T}E^{\mathrm T}QA_1\chi_k+w_k^{\mathrm T}E^{\mathrm T}QEw_k\leqslant0\\
\chi_k^{\mathrm T}A_2^{\mathrm T}P_2A_2\chi_k+\chi_k^{\mathrm T}A_2^{\mathrm T}P_2Ew_k+w_k^{\mathrm T}E^{\mathrm T}P_2A_2\chi_k+w_k^{\mathrm T}E^{\mathrm T}P_2Ew_k\leqslant\chi_k^{\mathrm T}P_2\chi_k-\varepsilon\chi_k^{\mathrm T}\chi_k-z_k^{\mathrm T}z_k+\gamma^2w_k^{\mathrm T}w_k\\
\qquad\chi_k^{\mathrm T}Q\chi_k\leqslant0\text{ 且 }\chi_k^{\mathrm T}A_2^{\mathrm T}QA_2\chi_k+\chi_k^{\mathrm T}A_2^{\mathrm T}QEw_k+w_k^{\mathrm T}E^{\mathrm T}QA_2\chi_k+w_k^{\mathrm T}E^{\mathrm T}QEw_k\leqslant0
\end{cases}
$$

其中 $\|z_k\|^2=\chi_k^{\mathrm T}C^{\mathrm T}C\chi_k+\chi_k^{\mathrm T}C^{\mathrm T}Dw_k+w_k^{\mathrm T}D^{\mathrm T}C\chi_k+w_k^{\mathrm T}D^{\mathrm T}Dw_k$，以上条件不等成立的充分条件就是，存在 $a_{11}\geqslant0$、$a_{12}\geqslant0$、$b_{11}\geqslant0$、$b_{12}\geqslant0$ 满足以下四式：

$$
\begin{bmatrix}\chi_k^{\mathrm T} & w_k^{\mathrm T}\end{bmatrix}\begin{bmatrix}A_1^{\mathrm T}P_1A_1-P_1+a_{11}Q+b_{11}A_1^{\mathrm T}QA_1+\varepsilon I+C^{\mathrm T}C & b_{11}A_1^{\mathrm T}QE+A_1^{\mathrm T}P_1E+C^{\mathrm T}D\\ b_{11}E^{\mathrm T}QA_1+E^{\mathrm T}P_1A_1+D^{\mathrm T}C & b_{11}E^{\mathrm T}QE+E^{\mathrm T}P_1E+D^{\mathrm T}D-\gamma^2\end{bmatrix}\begin{bmatrix}\chi_k\\ w_k\end{bmatrix}\leqslant0
$$

$$
\begin{bmatrix}\chi_k^{\mathrm T} & w_k^{\mathrm T}\end{bmatrix}\begin{bmatrix}A_2^{\mathrm T}P_1A_2-P_2-a_{21}Q+b_{21}A_2^{\mathrm T}QA_2+\varepsilon I+C^{\mathrm T}C & b_{21}A_2^{\mathrm T}Q+A_2^{\mathrm T}P_1E+C^{\mathrm T}D\\ b_{21}QA_2+E^{\mathrm T}P_1A_2+D^{\mathrm T}C & b_{21}E^{\mathrm T}QE+E^{\mathrm T}P_1E+D^{\mathrm T}D-\gamma^2\end{bmatrix}\begin{bmatrix}\chi_k\\ w_k\end{bmatrix}\leqslant0
$$

$$
\begin{bmatrix}\chi_k^{\mathrm T} & w_k^{\mathrm T}\end{bmatrix}\begin{bmatrix}A_1^{\mathrm T}P_2A_1-P_1+a_{12}Q-b_{12}A_1^{\mathrm T}QA_1+\varepsilon I+C^{\mathrm T}C & -b_{12}A_1^{\mathrm T}Q+A_1^{\mathrm T}P_2+C^{\mathrm T}D\\ -b_{12}QA_1+P_2A_1+D^{\mathrm T}C & -b_{12}E^{\mathrm T}QE+E^{\mathrm T}P_2E+D^{\mathrm T}D-\gamma^2\end{bmatrix}\begin{bmatrix}\chi_k\\ w_k\end{bmatrix}\leqslant0
$$

$$
\begin{bmatrix}\chi_k^{\mathrm T} & w_k^{\mathrm T}\end{bmatrix}\begin{bmatrix}A_2^{\mathrm T}P_2A_2-P_2-a_{22}Q-b_{22}A_2^{\mathrm T}QA_2+\varepsilon I+C^{\mathrm T}C & -b_{22}A_2^{\mathrm T}Q+A_2^{\mathrm T}P_2+C^{\mathrm T}D\\ -b_{22}QA_2+P_2A_2+D^{\mathrm T}C & -b_{22}E^{\mathrm T}QE+E^{\mathrm T}P_2E+D^{\mathrm T}D-\gamma^2\end{bmatrix}\begin{bmatrix}\chi_k\\ w_k\end{bmatrix}\leqslant0
$$

归纳可得，以上四式成立的条件是

$$
\begin{bmatrix}A_i^{\mathrm T}P_jA_i-P_i-(-1)^ja_{ij}Q-(-1)^jb_{ij}A_i^{\mathrm T}QA_i+\varepsilon I+C^{\mathrm T}C & -(-1)^jb_{ij}A_i^{\mathrm T}QE+A_i^{\mathrm T}=P_jE+C^{\mathrm T}D\\ -(-1)^jb_{ij}E^{\mathrm T}QA_i+E^{\mathrm T}P_jA_i+D^{\mathrm T}C & -(-1)^jb_{ij}E^{\mathrm T}QE+E^{\mathrm T}P_jE-\gamma^2I+D^{\mathrm T}D\end{bmatrix}\leqslant0
$$

其中，i，$j\in\{1,2\}$，利用 Schur 补性质，可得式(4-37)。证毕。

4.2.4 数值仿真

为了验证结论的正确性和方法的有效性，取系统模型为公式(4-24)、(4-25)和(4-36)所示形式，各系数矩阵取值如下：

$$
A=\begin{bmatrix}0.9999 & 0.0102\\ -0.0203 & 1.0304\end{bmatrix},\quad B=\begin{bmatrix}0.0001\\ 0.0102\end{bmatrix}
$$

$$
E=\begin{bmatrix}0.0070\\ -0.0041\end{bmatrix}
$$

$$
K=\begin{bmatrix}1 & -4\end{bmatrix},\quad C_{zx}=\begin{bmatrix}-1 & 4\end{bmatrix}
$$

$$
D_z=0
$$

依据上面给出的系数矩阵，可求得定理 4.3 中相关矩阵取值为

$$\boldsymbol{A}_1=\begin{bmatrix}0.9999 & 0.0099 & 0 & 0\\ -0.0102 & 0.9897 & 0 & 0\\ 0.9999 & 0.0099 & 0 & 0\\ -0.0102 & 0.9897 & 0 & 0\end{bmatrix}$$

$$\boldsymbol{A}_2=\begin{bmatrix}0.9999 & 0.0102 & 0.0001 & -0.0002\\ -0.0203 & 1.0304 & 0.0102 & -0.0406\\ 0 & 0 & 0.9999 & 0.0099\\ 0 & 0 & -0.0102 & 0.9897\end{bmatrix}$$

$$\boldsymbol{C}=[-1\quad 4\quad 0\quad 0],\ \boldsymbol{D}=0$$

将参数 σ 取不同值，依据式(4-35)计算矩阵 $\boldsymbol{Q}$，利用 MATLAB LMI 工具箱编写代码求解定理 4.3 中线性矩阵不等式成立的 L_2 增益 γ 的最小取值，计算结果如表 4-2 所示。

表 4-2　不同 σ 取值情况下 γ 的仿真计算结果

σ	0.001	0.005	0.01	0.02	0.05	0.1	0.125	0.15
γ	16.7	17.0	17.4	18.6	25.4	56	102	263

1. $w=0$ 时定理 4.3 的正确性验证仿真

验证当 $\boldsymbol{w}=0$ 时依据定理 4.3 设计的触发条件是否为全局指数稳定。设初始状态为 $\boldsymbol{x}_0=[3\quad -3]^{\mathrm{T}}$，取仿真时间段为 20 s 进行仿真，可得图 4-12 所示的系统状态演化曲线，其中图(a)是取 $\sigma=0.001$ 时所得的曲线，图(b)是取 $\sigma=0.15$ 时所得的曲线，可见两种情况下状态曲线均是收敛的，符合指数稳定的特性，这证实了定理 4.3 在干扰 $\boldsymbol{w}=0$ 时是正确的。

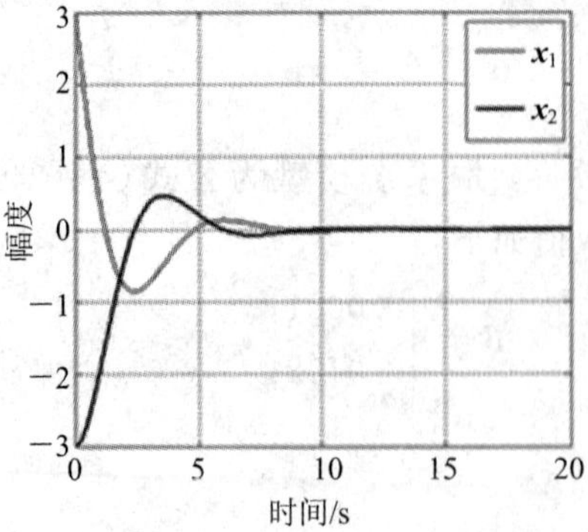

(a) $\sigma=0.001$

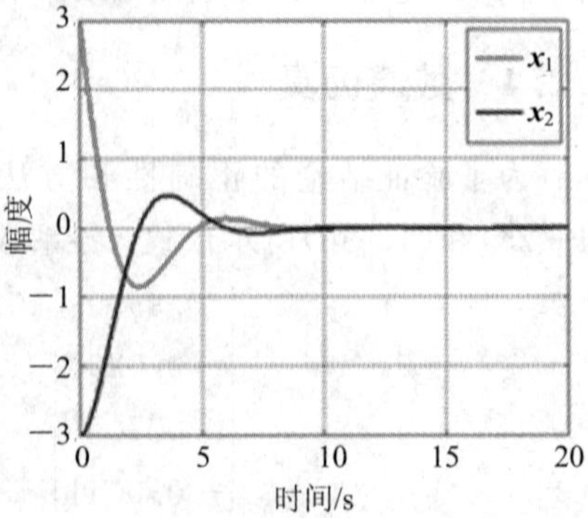

(b) $\sigma=0.15$

图 4-12　$w=0$ 时系统状态演化曲线

2. $w \neq 0$ 时定理 4.3 的正确性验证仿真

验证 $w \neq 0$ 时定理 4.3 的结论正确性，设初始状态为 $x_0 = [0 \quad 0]^T$，取仿真时间段为 120 s，给系统施加如图 4-13 所示的干扰信号，该干扰信号在 0～30 s 的时间段内是幅值不断减小的正弦信号，在 30～60 s 的时间段内信号幅值为 0，在 60～90 s 的时间段内信号是均值为 1 的小幅震荡时变信号，在 90～120 s 的时间段内信号幅值为 0。

取系统初态为 $x_0 = [0 \quad 0]^T$，对 $\sigma = 0.01$ 时和 $\sigma = 0.1$ 时系统的工作状态进行仿真。当 $\sigma = 0.01$ 时，仿真所得系统状态与参考模型状态演化曲线如图 4-14 所示，偏差范数 $\|e\|$ 的变化曲线如图 4-15 所示，系统所受干扰 w 与性能输出 z 的变化曲线如图 4-16 所示。

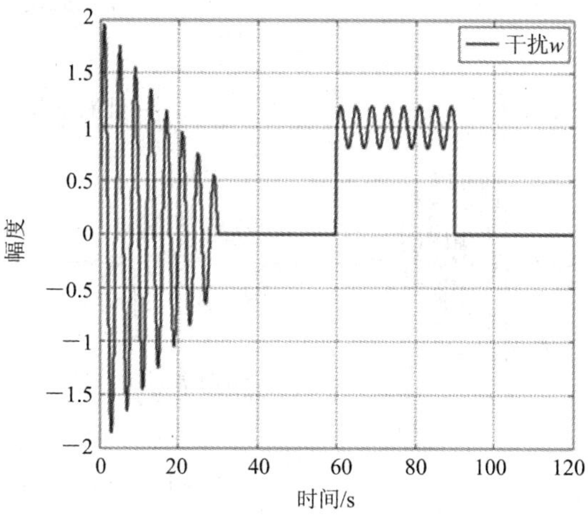

图 4-13　系统所受干扰曲线

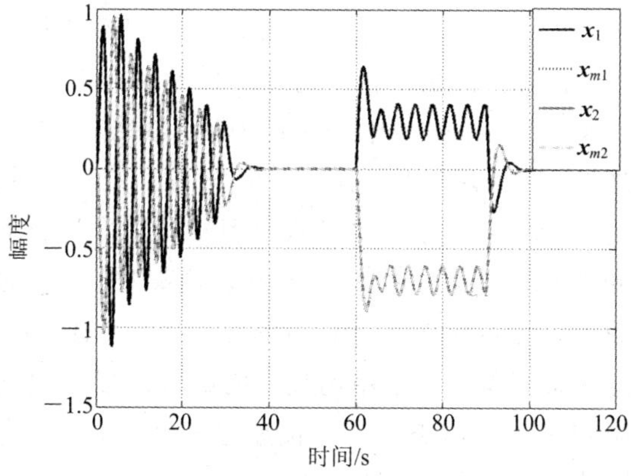

图 4-14　$\sigma = 0.01$ 系统状态与模型状态演化曲线

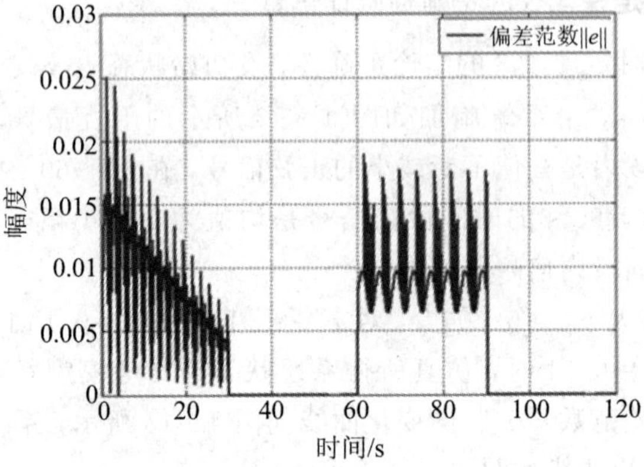

图 4－15　σ＝0.01 偏差范数 ‖**e**‖ 的变化曲线

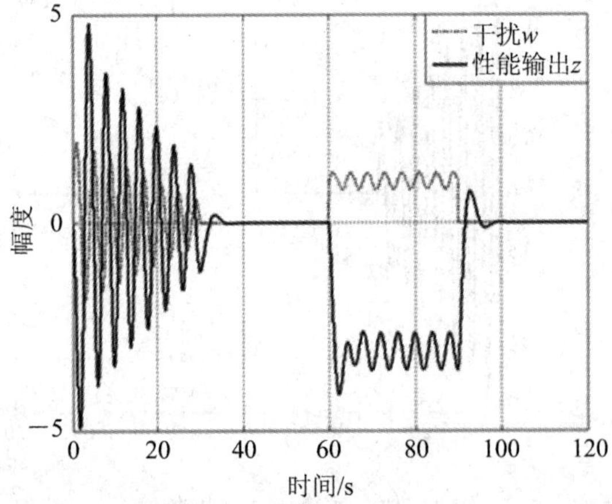

图 4－16　σ＝0.01 干扰 **w** 与性能输出 *z* 的变化曲线

当 $\sigma=0.1$ 时，仿真所得系统状态与参考模型状态演化曲线如图 4－17 所示，偏差范数 ‖**e**‖ 的变化曲线如图 4－18 所示，系统所受干扰 **w** 与性能输出 *z* 的变化曲线如图 4－19 所示。对比图 4－14 与图 4－17，可知图 4－17 中系统和参考模型的状态变化相对剧烈，也可看出图 4－17 绘制的系统状态曲线与参考模型状态曲线重合程度变差，图 4－18 中偏差范数 ‖**e**‖ 的变化比图 4－15 中的剧烈也说明这一点。对比图 4－16 与图 4－19，可看出图 4－19 的性能输出 *z* 幅度比较大。由此可知，当采用比较大的触发门限参数 σ 时，会导致控制过程中系统状态与参考模型状态之间的偏差也变大，控制过程中的状态变化也比较剧烈，所得性能输出 *z* 的幅值也比较大。

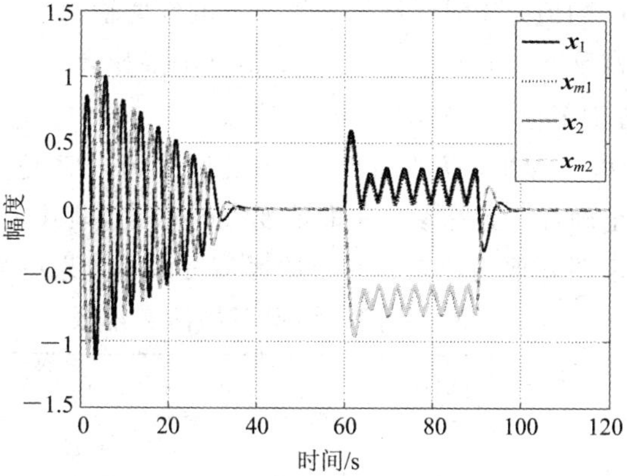

图 4－17　σ=0.1 系统状态与模型状态演化曲线

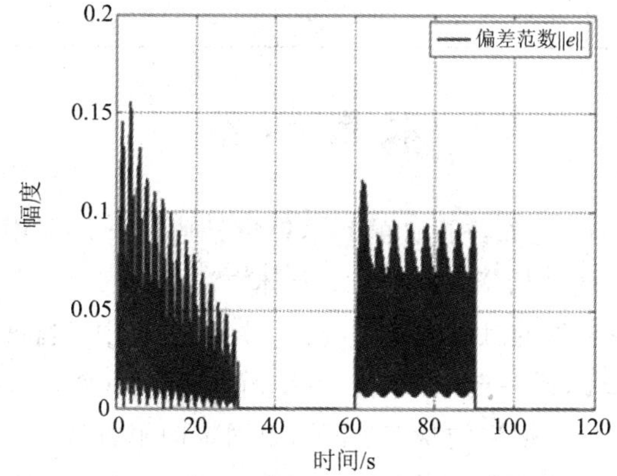

图 4－18　σ=0.1 偏差范数 ‖e‖ 变化曲线

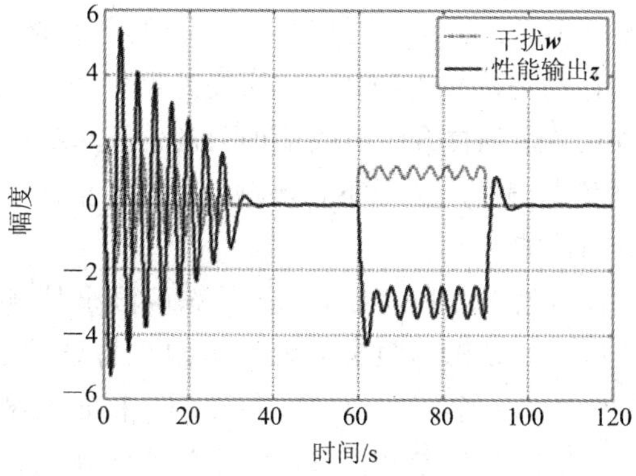

图 4－19　σ=0.1 干扰 w 与性能输出 z 的变化曲线

σ 取表 4－2 中的值，分别计算每种情况下的性能输出 z 的 L_2 范数 $\|z\|_{L_2}$ 以及仿真所得增益 $\gamma_s=\|z\|_{L_2}/\|w\|_{L_2}$，仿真结果如表 4－3 所示，其中 h_{mean} 为平均采样间隔，计算可得 $\|w\|_{L_2}=7.573$。

从表 4－3 中可以看出，仿真所得 L_2 增益 γ_s 均小于理论计算结果 γ，这证实了定理 4.3 的正确性。随着参数 σ 取值变大，控制过程中所得平均采样间隔 h_{mean} 也变大，这说明 σ 取值比较大时节约通信资源的效果更为较明显。

表 4－3　不同 σ 情况下的仿真结果

σ	0.001	0.005	0.01	0.02	0.05	0.1	0.125	0.15
h_{mean}	0.0203	0.0217	0.0268	0.0419	0.0871	0.1583	0.1958	0.2286
$\|z\|_{L_2}$	21.044	21.053	21.067	21.090	21.227	21.518	21.815	21.916
γ_s	2.779	2.780	2.782	2.785	2.803	2.841	2.881	2.894

本章小结

状态反馈 MB-ETC 系统设计的基本思想是通过有效利用已知的被控对象模型知识来达到节约通信资源的目的，具体方法是通过在系统中复现参考模型的工作过程，实现事件的触发和输入控制。控制过程中，当被控对象与参考模型之间的状态偏差达到一定门限时，系统就会触发事件，执行采样和信息传递，同时更新两端参考模型的状态。不同于固定门限方法[30]，4.1 节提出的变门限事件触发机制的优点是：当系统遭遇快变强干扰时，能够迅速把门限调整到一个合适水平，使触发间隔维持在大于 T_{min} 的合理间隔，避免通信网络的拥塞；当干扰变化比较小时，触发间隔变大，触发门限会逐步变小，使系统工作状态与参考模型工作状态的偏差减小，从而提升事件触发控制与相应连续状态反馈控制的逼近程度，达到提升控制性能的目的。仿真结果表明 4.1 节方法能够在牺牲一点瞬时状态偏差的情况下，利用更少的通信次数，减少整体状态偏差，即提高整体控制性能。

4.2 节提出的动态门限 MB-PETC 方法，动态门限事件触发机制工作在离散周期监测模式下，避免了动态门限事件触发机制容易导致 Zeno 现象发生的问题。基于 PWL 系统建模分析方法，得到了系统 L_2 稳定的结论和触发机制参数确定方法。由于 4.2 节方法的参考模型回路中没有干扰估计环节，故所得控制效果可能逊于 4.1 节方法。

第 5 章　动态输出反馈事件触发控制(OF-ETC)系统分析与设计

本章针对线性时不变(LTI)被控对象，研究采用 OF-ETC 时的系统建模、分析与触发机制设计问题。首先，针对连续监测情况下的 OF-CETC 系统，将系统建模为输入-输出系统，基于非线性系统的输入到输出稳定(Input-Output Stability，IOS)理论，研究了 OF-CETC 系统的稳定性分析以及触发机制参数设计问题。其次，针对离散周期监测情况下动态门限触发的 OF-PETC 系统，设计了多种形式的基于系统输出的动态门限触发机制，并给出统一描述形式，通过将系统建模为 PWL 系统，研究了系统指数稳定条件和触发机制参数确定方法。

5.1　动态 OF-CETC 系统分析与设计

5.1.1　动态 OF-CETC 问题描述

1. OF-CETC 系统描述

考虑 LTI 输出被控对象

$$\begin{cases}\dot{\boldsymbol{x}}_s(t)=\boldsymbol{A}_s\boldsymbol{x}_s(t)+\boldsymbol{B}_s\boldsymbol{u}(t)\\ \boldsymbol{y}(t)=\boldsymbol{C}_s\boldsymbol{x}_s(t)\end{cases} \tag{5-1}$$

其中，$\boldsymbol{A}_s$ 为系统矩阵，$\boldsymbol{B}_s$ 输入矩阵，$\boldsymbol{C}_s$ 为输出矩阵，$\boldsymbol{x}_s\in\mathbb{R}^{n_x}$、$\boldsymbol{u}\in\mathbb{R}^{n_u}$ 和 $\boldsymbol{y}\in\mathbb{R}^{n_y}$ 分别为被控对象的状态、控制输入和系统输出。如果采用如下动态反馈控制器：

$$\begin{cases}\dot{\boldsymbol{x}}_c(t)=\boldsymbol{A}_c\boldsymbol{x}_c(t)+\boldsymbol{B}_c\boldsymbol{y}(t)\\ \boldsymbol{u}(t)=\boldsymbol{C}_c\boldsymbol{x}_c(t)+\boldsymbol{D}_c\boldsymbol{y}(t)\end{cases} \tag{5-2}$$

闭环系统会渐近稳定，其中，$\boldsymbol{A}_c$、$\boldsymbol{B}_c$、$\boldsymbol{C}_c$ 和 $\boldsymbol{D}_c$ 为动态控制器相关矩阵，$\boldsymbol{x}_c\in\mathbb{R}^{n_c}$

为动态控制器的状态。

构建如图 5-1 所示的 OF-CETC 系统，为了便于研究和符合一类工程实际情况，假定控制器与对象之间的信息传递是理想联动传输，即不存在网络通信量化、带宽和时延等因素的限制；而被控对象的测量输出的采样以及采样信息的传递，只有在事件发生时刻 t_k 时才执行，即事件发生时刻 t_k 由事件发生器负责给出，事件发生器实现如下触发机制：

$$\begin{cases} t_0=0 \\ t_{k+1}=\sup\{t>t_k \mid \|\boldsymbol{e}(t)\|^2 \leqslant \sigma^2 \|\boldsymbol{y}(t)\|^2\} \end{cases} \tag{5-3}$$

其含义是，除了 t_0 外，其他事件触发时刻 t_k 取决于信号 $\boldsymbol{y}(t)$ 和 $\boldsymbol{e}(t)$，其中 $\boldsymbol{e}(t)$ 为被控对象最近一次事件触发时刻采样输出值和当前值之间的偏差：

$$\boldsymbol{e}(t)=\boldsymbol{y}(t_k)-\boldsymbol{y}(t)=\hat{\boldsymbol{y}}_k-\boldsymbol{y}(t) \quad (t_k, t_{k+1}] \tag{5-4}$$

其中，$\hat{\boldsymbol{y}}_k=\boldsymbol{y}(t_k)$ 为最近一次事件触发时刻 t_k 的输出采样值。也就是说在 OF-CETC 中，事件发生时才更新控制器的输入，控制器模型变为

$$\begin{cases} \dot{\boldsymbol{x}}_c(t)=\boldsymbol{A}_c\boldsymbol{x}_c(t)+\boldsymbol{B}_c\hat{\boldsymbol{y}}_k(t) \\ \boldsymbol{u}(t)=\boldsymbol{C}_c\boldsymbol{x}_c(t)+\boldsymbol{D}_c\hat{\boldsymbol{y}}_k(t) \end{cases} \quad (t_k, t_{k+1}] \tag{5-5}$$

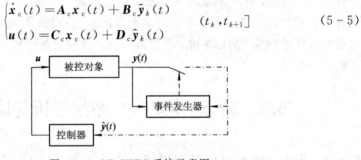

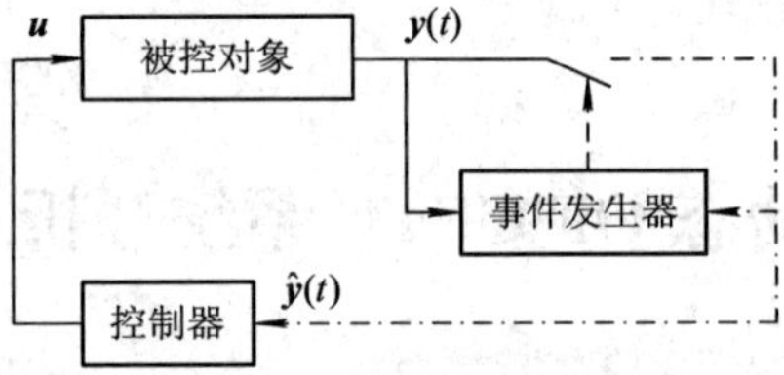

图 5-1　OF-CETC 系统示意图

2. 相关知识

考虑如下非线性输入-输出系统

$$\dot{\boldsymbol{x}} = f(\boldsymbol{x}, \boldsymbol{w}) \tag{5-6}$$

$$\boldsymbol{z} = g(\boldsymbol{x}, \boldsymbol{w}) \tag{5-7}$$

其中，$\boldsymbol{x} \in \mathbb{R}^n$、$\boldsymbol{w} \in \mathbb{R}^m$ 和 $\boldsymbol{z} \in \mathbb{R}^l$ 分别为系统状态、系统输入和系统输出。需要指出的是这里的 $\boldsymbol{w}$ 是一种广义的输入，可泛指任何形式的输入，如果 $\boldsymbol{w}$ 是一种干扰信号，式(5-6)、式(5-7)系统也被称为受扰输出系统。对于这类系统，输入非零时，系统一般难以满足全局渐近稳定，所以采用更为一般的稳定概念，即输入到输出之间的属性来刻画系统特性，如 L_2 增益分析。

定义 5.1　式(5-6)和(5-7)表示的系统输入到输出的 L_2 增益 γ 定义为

$$\inf\{\gamma \in \mathbb{R} \mid \|\boldsymbol{z}(t)\|_{L_2} \leqslant \gamma \|\boldsymbol{w}(t)\|_{L_2} + \beta(\boldsymbol{x}_0)\}$$

其中 $\boldsymbol{x}_0 \in \mathbb{R}^n$ 为初始状态，$\boldsymbol{w}(t) \in L_2$ 即为能量有界输入，β 为一确定函数。

下面给出用于本节分析的输入到输出 L_2 增益稳定引理[135]。

引理 5.1　如果存在连续可微二次函数 $V:\mathbb{R}^n \rightarrow \mathbb{R}$ 对所有 $\boldsymbol{z} \in \mathbb{R}^l$ 和 $\boldsymbol{w} \in \mathbb{R}^m$ 满足

$$\frac{\partial V}{\partial \boldsymbol{x}} f(\boldsymbol{x},\boldsymbol{w}) \leqslant -\|\boldsymbol{z}\|^2 + \gamma^2 \|\boldsymbol{w}\|^2 \tag{5-8}$$

则称式(5-6)和(5-7)描述的系统从输入 $\boldsymbol{w}$ 到输出 $\boldsymbol{z}$ 以小于等于 γ 的 L_2 增益稳定。

本节的研究思路是：将由式(5-1)、式(5-3)、式(5-4)、式(5-5)构成的 OF-CETC 系统描述为式(5-6)和式(5-7)表示的输入-输出系统形式，然后基于引理 5.1，研究系统的 L_2 增益稳定分析问题以及触发机制式(5-3)中参数 σ 的选择问题。

5.1.2　系统建模

为了实现输入到输出 L_2 增益分析，把图 5-1 所示 OF-CETC 系统等效为图 5-2 所示的输入-输出系统，图 5-2 中把由事件触发引入的偏差 $\boldsymbol{e}(t)$ 看作是连续闭环系统的一个外来干扰输入，等效系统的输出为原系统输出，等效系统中控制器模型表示为

$$\begin{cases} \dot{\boldsymbol{x}}_c(t) = \boldsymbol{A}_c \boldsymbol{x}_c(t) + \boldsymbol{B}_c(\boldsymbol{y}(t) + \boldsymbol{e}(t)) \\ \boldsymbol{u}(t) = \boldsymbol{C}_c \boldsymbol{x}_c(t) + \boldsymbol{D}_c(\boldsymbol{y}(t) + \boldsymbol{e}(t)) \end{cases} \quad t \in (t_k, t_{k+1}] \tag{5-9}$$

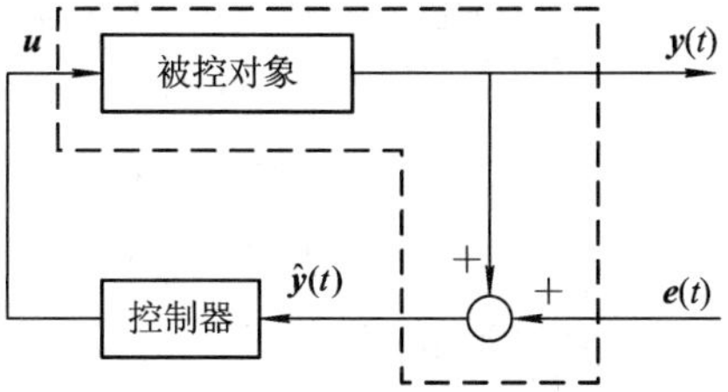

图 5-2　OF-CETC 系统等效示意图

扩大状态变量，令 $\bar{\boldsymbol{x}} = [\boldsymbol{x}_s^{\mathrm{T}}\ \boldsymbol{x}_c^{\mathrm{T}}]^{\mathrm{T}}$，$\bar{\boldsymbol{z}} = \boldsymbol{y}$，$\bar{\boldsymbol{w}} = \boldsymbol{e}$，则系统模型变为

$$\begin{cases} \dot{\bar{\boldsymbol{x}}} = \underbrace{\begin{bmatrix} \boldsymbol{A}_s + \boldsymbol{B}_s\boldsymbol{D}_c\boldsymbol{C}_s & \boldsymbol{B}_s\boldsymbol{C}_c \\ \boldsymbol{B}_c\boldsymbol{C}_s & \boldsymbol{A}_c \end{bmatrix}}_{\boldsymbol{A}} \bar{\boldsymbol{x}} + \underbrace{\begin{bmatrix} \boldsymbol{B}_s\boldsymbol{D}_c \\ \boldsymbol{B}_c \end{bmatrix}}_{\boldsymbol{B}} \bar{\boldsymbol{w}} \\ \bar{\boldsymbol{z}} = \underbrace{[\boldsymbol{C}_s \quad \boldsymbol{0}]}_{\boldsymbol{C}} \bar{\boldsymbol{x}} \end{cases} \quad t \in (t_k, t_{k+1}] \tag{5-10}$$

其中矩阵 $\boldsymbol{A}$、$\boldsymbol{B}$ 和 $\boldsymbol{C}$ 分别为系统矩阵、输入矩阵和输出矩阵，$\bar{\boldsymbol{x}}$、$\bar{\boldsymbol{w}}$ 和 $\bar{\boldsymbol{z}}$ 分别为

系统的状态、输入和输出。

5.1.3　系统 L_2 增益分析和触发机制参数确定

定理 5.1　式(5－1)和式(5－3)～式(5－5)构成的 OF-CETC 系统，从偏差 $\boldsymbol{e}$ 到输出 $\boldsymbol{y}$ 以不大于 γ 的 L_2 增益稳定的条件是，存在对称矩阵 $\boldsymbol{P}>0$，满足如下线性矩阵不等式：

$$\begin{bmatrix} \boldsymbol{A}^{\mathrm{T}}\boldsymbol{P}+\boldsymbol{P}\boldsymbol{A}+\boldsymbol{C}^{\mathrm{T}}\boldsymbol{C} & \boldsymbol{P}\boldsymbol{B} \\ \boldsymbol{B}^{\mathrm{T}}\boldsymbol{P} & -\gamma^2\boldsymbol{I} \end{bmatrix} \leqslant \boldsymbol{0} \tag{5－11}$$

式中相关矩阵取值参见式(5－10)。

证明　令 $V(\bar{\boldsymbol{x}})=\bar{\boldsymbol{x}}^{\mathrm{T}}\boldsymbol{P}\bar{\boldsymbol{x}}$，显然 $V(\bar{\boldsymbol{x}})$ 是连续可微二次函数，依据引理 5.1，系统式(5－10)的 L_2 稳定条件为

$$\frac{\partial V}{\partial \bar{\boldsymbol{x}}} f(\bar{\boldsymbol{x}},\ \bar{\boldsymbol{w}}) \leqslant -\|\bar{\boldsymbol{z}}\|^2+\gamma^2\|\bar{\boldsymbol{w}}\|^2$$

将式(5－10)代入，上式变为如下形式：

$$\begin{aligned}\frac{\partial V}{\partial \bar{\boldsymbol{x}}} f(\bar{\boldsymbol{x}},\ \bar{\boldsymbol{w}}) &= \dot{V} = \dot{\bar{\boldsymbol{x}}}^{\mathrm{T}}\boldsymbol{P}\bar{\boldsymbol{x}} + \bar{\boldsymbol{x}}^{\mathrm{T}}\boldsymbol{P}\dot{\bar{\boldsymbol{x}}} \\ &= (\bar{\boldsymbol{x}}^{\mathrm{T}}\boldsymbol{A}^{\mathrm{T}}+\bar{\boldsymbol{w}}^{\mathrm{T}}\boldsymbol{B}^{\mathrm{T}})\boldsymbol{P}\bar{\boldsymbol{x}}+\bar{\boldsymbol{x}}^{\mathrm{T}}\boldsymbol{B}(\boldsymbol{A}\bar{\boldsymbol{x}}+\boldsymbol{B}\bar{\boldsymbol{w}}) \\ &= \begin{bmatrix}\bar{\boldsymbol{x}}^{\mathrm{T}} & \bar{\boldsymbol{w}}^{\mathrm{T}}\end{bmatrix} \begin{bmatrix} \boldsymbol{A}^{\mathrm{T}}\boldsymbol{P}+\boldsymbol{P}\boldsymbol{A} & \boldsymbol{P}\boldsymbol{B} \\ \boldsymbol{B}^{\mathrm{T}}\boldsymbol{P} & \boldsymbol{0} \end{bmatrix} \begin{bmatrix}\bar{\boldsymbol{x}} \\ \bar{\boldsymbol{w}}\end{bmatrix}\end{aligned}$$

又因

$$-\|\bar{\boldsymbol{z}}\|^2+\gamma^2\|\bar{\boldsymbol{w}}\|^2 = \begin{bmatrix}\bar{\boldsymbol{x}}^{\mathrm{T}} & \bar{\boldsymbol{w}}^{\mathrm{T}}\end{bmatrix} \begin{bmatrix} -\boldsymbol{C}^{\mathrm{T}}\boldsymbol{C} & \boldsymbol{0} \\ \boldsymbol{0} & \gamma^2\boldsymbol{I} \end{bmatrix} \begin{bmatrix}\bar{\boldsymbol{x}} \\ \bar{\boldsymbol{w}}\end{bmatrix}$$

显然式(5－11)成立，能够确保公式(5－8)成立，也就保证了系统式(5－10)输入 $\boldsymbol{e}$ 到 $\boldsymbol{z}$ 的 L_2 稳定，又因式(5－10)为式(5－1)和式(5－3)～式(5－5)构成的 OF-CETC 系统的等效模型，且 $\bar{\boldsymbol{z}}=\boldsymbol{y}$，$\bar{\boldsymbol{w}}=\boldsymbol{e}$，相当于事件触发引入的偏差 $\boldsymbol{e}$ 到输出 $\boldsymbol{y}$ 以不大于 γ 的 L_2 增益稳定，证毕。

注：定理中 $\boldsymbol{e}$ 到输出 $\boldsymbol{y}$ 的 L_2 增益依据模型式(5－11)定义。

定理 5.2　对于式(5－1)和式(5－3)～式(5－5)构成的 OF-CETC 系统，触发机制参数 σ 的取值小于 $\sigma=1/\gamma_{\min}$ 时能够确保 OF-CETC 系统渐近稳定，其中 $\gamma_{\min}$ 为定理 5.1 条件成立时的 γ 最小取值。

证明　定理 5.1 中的 $V(\boldsymbol{x})=\bar{\boldsymbol{x}}^{\mathrm{T}}\boldsymbol{P}\bar{\boldsymbol{x}}$，显然在 $\bar{\boldsymbol{x}}\neq 0$ 时满足

$$\lambda_{\max}(\boldsymbol{P})\|\bar{\boldsymbol{x}}\| \geqslant V(\bar{\boldsymbol{x}}) \geqslant \lambda_{\min}(\boldsymbol{P})\|\bar{\boldsymbol{x}}\| > 0$$

依据李雅普诺夫稳定条件，如果再有 $\dot{V}(\boldsymbol{x})<0$，则能保证系统式(5-10)大范围渐近稳定。因此确定触发机制参数的一种思路就是要求

$$-\|\bar{\boldsymbol{z}}\|^2+\gamma^2\|\bar{\boldsymbol{w}}\|^2<0 \tag{5-12}$$

代入 $\bar{\boldsymbol{z}}=\boldsymbol{y}$，$\bar{\boldsymbol{w}}=\boldsymbol{e}$ 可得

$$-\|\boldsymbol{y}(t)\|^2+\gamma^2\|\boldsymbol{e}(t)\|^2<0 \tag{5-13}$$

依据触发条件式(5-3)，没有事件触发时，须有 $-\|\boldsymbol{y}(t)\|^2+\dfrac{1}{\sigma^2}\|\boldsymbol{e}(t)\|^2<0$ 成立，比较可得 $\sigma=\gamma^{-1}$，显然 σ 的取值越大事件触发间隔越大，即 γ 取最小值 $\gamma_{\min}$ 的时候，σ 能够取最大值 $\sigma_{\max}=\gamma_{\min}^{-1}$，当 $\sigma<\sigma_{\max}=\gamma_{\min}^{-1}$ 时，依据触发机制式(5-3)有

$$-\|\boldsymbol{y}(t)\|^2+\frac{1}{\sigma_{\min}^2}\|\boldsymbol{e}(t)\|^2<-\|\boldsymbol{y}(t)\|^2+\frac{1}{\sigma^2}\|\boldsymbol{e}(t)\|^2<0$$

即有

$$-\|\bar{\boldsymbol{z}}\|^2+\gamma_{\min}^2\|\bar{\boldsymbol{w}}\|^2<0$$

成立，也就是确保了 $\dot{V}(\boldsymbol{x})<0$。证毕。

5.1.4 数值仿真

考虑由式(5-1)和式(5-2)构成的线性系统，相关系数矩阵取值如下：

$$\boldsymbol{A}_s=\begin{bmatrix}1 & 2\\ -2 & 1\end{bmatrix},\quad \boldsymbol{B}_s=\begin{bmatrix}0\\ 1\end{bmatrix},\quad \boldsymbol{C}_s=\begin{bmatrix}1 & 0\end{bmatrix}$$

$$\boldsymbol{A}_c=\begin{bmatrix}-3 & 2\\ -6 & -3\end{bmatrix},\quad \boldsymbol{B}_c=\begin{bmatrix}4\\ 2\end{bmatrix},\quad \boldsymbol{C}_c=\begin{bmatrix}-2 & -4\end{bmatrix},\ \boldsymbol{D}_c=0$$

1. 定理 5.1 的有效性验证仿真

此仿真的目的是验证定理 5.1 的有效性。具体方法是：利用 MATLAB LMI 工具箱编写代码求解定理 5.1 中线性矩阵不等式优化结果，定义变量 $\boldsymbol{P}$，然后寻找使线性矩阵不等式可行解存在的最小参数 $\gamma_{\min}$。

保证定理 5.1 中不等式成立的 LMI 优化结果为 $\gamma_{\min}=6.152$，对应的正定矩阵 $\boldsymbol{P}$ 为

$$\boldsymbol{P}=\begin{bmatrix}9.9915 & -3.5656 & -10.1113 & 3.6389\\ -3.5656 & 6.5417 & 3.8132 & -6.5535\\ -10.1113 & 3.8132 & 12.1174 & -2.8053\\ 3.6389 & -6.5535 & -2.8053 & 7.6344\end{bmatrix}$$

结果表明，定理 5.1 可以求得一个由事件触发引入的偏差 $\boldsymbol{e}$ 到输出 $\boldsymbol{y}$ 的 L_2 增益值。

2. 定理 5.2 的正确性验证仿真

此仿真目的是验证定理 5.2 的正确性，进一步验证定理 5.1。具体步骤是：采用仿真所得结果设计触发机制，即取 $\sigma=\gamma_{\min}^{-1}=0.1625$，然后设置非零的初始状态值及仿真系统状态、输出等变化情况，验证系统的渐近稳定性，最后计算 OF-CETC 偏差 $\boldsymbol{e}$ 和输出 $\boldsymbol{y}$ 的 L_2 范数，观察两者间的增益关系。

将 $\sigma=0.1625$ 代入触发机制式(5-3)，令初始状态 $\boldsymbol{x}_0=[-3\quad 3]$，进行 20 s 时长的仿真。首先，仿真系统采用周期采样控制的状态演化曲线和 ETC 的状态演化曲线，其中采样间隔 $h_s=0.001$ s，仿真所得状态演化曲线如图 5-3 所示。显然图 5-3 中状态曲线是收敛的，说明 ETC 方法能够和周期采样方法一样，使系统渐近稳定，从收敛效果来看，ETC 方法稍差一些，但两种方法的整体控制效果基本接近，这证实了定理 5.2 的正确性。其次，为说明 OF-CETC 的特点，仿真中绘制了对象输出 $\boldsymbol{y}$、控制器输入 $\hat{\boldsymbol{y}}$ 以及控制器输出 $\boldsymbol{u}$ 的变化曲线，如图 5-4 所示(图中还绘制了 0.6 s～1.2 s 之间的放大曲线)。20 s 仿真中的事件触发采样间隔散点图如图 5-5 所示。图 5-4 说明 OF-CETC 控制器的输入更新是非周期的，而控制器输出是连续的，图 5-5 进一步说明了 OF-CETC 采样和信息传递的非等间隔特点，其中部分采样间隔大于 0.1 s，远大于周期采样间隔 $h_s=0.001$ s，这说明，与周期采样方法相比，OF-CETC 方法能够大量节约通信资源，此外，定量计算所得 OF-CETC 的平均采样间隔 $h_e=0.0153$ s，大于 $h_s=0.001$ s，再次说明了 OF-CETC 方法能够大量节约通信资源。

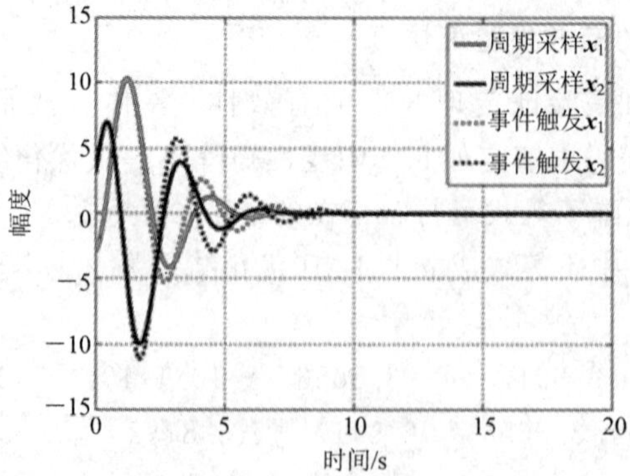

图 5-3　周期采样控制与 OF-CETC 状态演化曲线

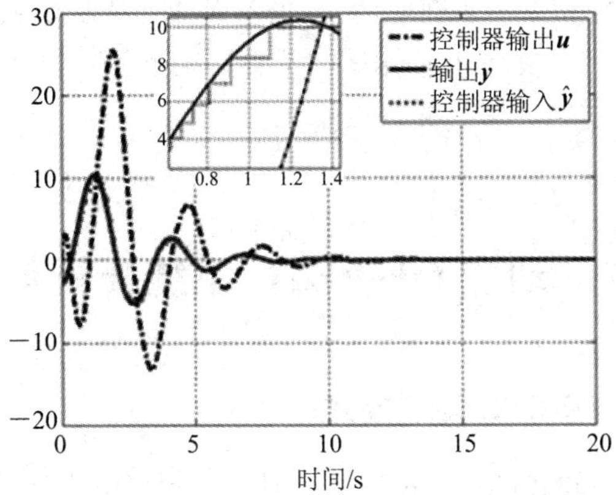

图 5-4　OF-CETC 中 $\boldsymbol{y}$、$\hat{\boldsymbol{y}}$ 和 $\boldsymbol{u}$ 的变化曲线

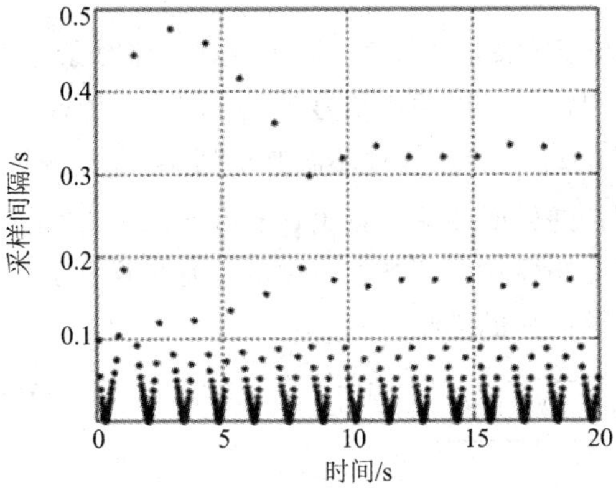

图 5-5　OF-CETC 采样间隔散点图

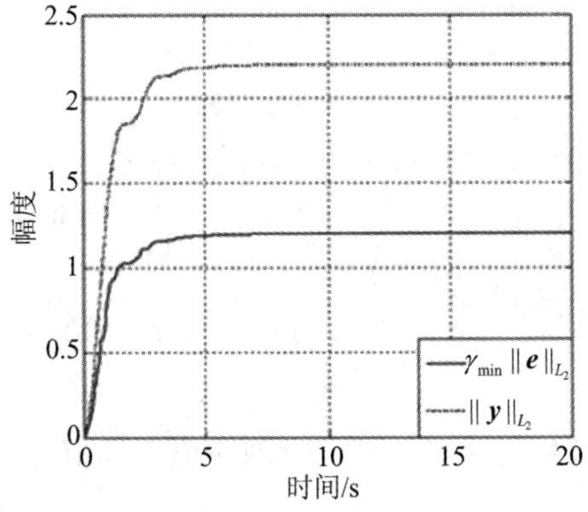

图 5-6　OF-CETC 采样间隔散点图

为了验证定理 5.1 中 $\boldsymbol{e}$ 到 $\boldsymbol{y}$ 的 L_2 增益关系，计算仿真过程中各时间点偏差 $\boldsymbol{e}$ 和输出 $\boldsymbol{y}$ 的 L_2 范数，并绘制了 $\|\boldsymbol{y}\|_{L_2}$ 和 $\gamma_{\min}\|\boldsymbol{e}\|_{L_2}$ 的变化曲线，结果如图 5-6 所示，显然二者之间可以满足 L_2 增益关系，这进一步说明定理 5.1 结论是正确的。

5.2 动态 OF-PETC 系统分析与设计

5.2.1 动态 OF-PETC 问题描述

针对式(5-1)和式(5-2)描述线性时不变动态输出反馈被控对象，本节研究采用离散周期监测的 OF-PETC 时，事件触发机制的设计问题和系统的建模分析问题。

OF-PETC 系统示意图如图 5-7 所示。对被控对象输出以采样间隔 $h>0$ 进行周期采样，获得离散化的输出信号 $\boldsymbol{y}(t_k)$，简记为 $\boldsymbol{y}_k$，其中 $t_k=kh$，$k\in\mathbb{N}$ 为采样时刻，并且在 t_k 时刻事件触发器要依据 $\boldsymbol{y}_k$ 进行触发条件的判断，如果满足触发条件，则传递此时的系统输出，记为 $\hat{\boldsymbol{y}}(t_k)$，并重新计算控制器输出。这一过程中，假定控制器输出到被控对象的信息传递不受任何限制，即不考虑时延、带宽和量化等因素的影响。

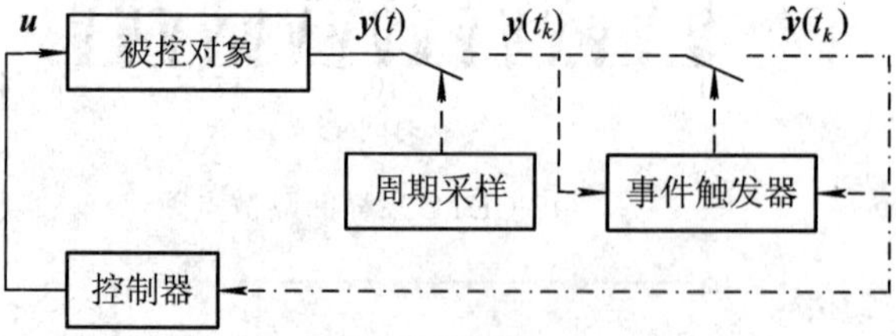

图 5-7 OF-PETC 系统示意图

在图 5-7 所示的 OF-PETC 过程中，系统动态控制器输入变为 $\hat{\boldsymbol{y}}(t)$，$\hat{\boldsymbol{y}}(t)$是分段连续函数，在 $t\in(t_k,t_{k+1}]$，$k\in\mathbb{N}$ 时间段内取值恒定，取值规则如下：

$$\hat{\boldsymbol{y}}(t)=\begin{cases}\boldsymbol{y}(t_k) & f_{\mathrm{C}}(\boldsymbol{y}(t_k),\ \boldsymbol{e}(t_k))>0\\ \hat{\boldsymbol{y}}(t_k) & f_{\mathrm{C}}(\boldsymbol{y}(t_k),\ \boldsymbol{e}(t_k))\leqslant 0\end{cases}\tag{5-14}$$

其中，$\boldsymbol{e}(t_k)$ 为被控对象前一事件触发时刻输出采样值和当前采样值的偏差：

$$\boldsymbol{e}(t_k)=\hat{\boldsymbol{y}}(t_k)-\boldsymbol{y}(t_k)=\hat{\boldsymbol{y}}_k-\boldsymbol{y}_k\tag{5-15}$$

其中，$\hat{\boldsymbol{y}}_k\in\mathbb{R}^n$ 为事件触发时刻 t_k 的输出采样值。函数 $f_{\mathrm{C}}(\boldsymbol{y}(t_k),\boldsymbol{e}(t_k))$ 为

周期事件触发条件函数，对于典型动态门限触发机制，触发条件函数 f_C 取值为

$$f_C(\boldsymbol{y}(t_k),\boldsymbol{e}(t_k)) = \|\boldsymbol{e}(t_k)\|^2 - \sigma^2\|\boldsymbol{y}(t_k)\|^2 = -\sigma^2\boldsymbol{y}_k^T\boldsymbol{y}_k + \boldsymbol{e}_k^T\boldsymbol{e}_k \tag{5-16}$$

基于文献[72]和[73]思想所得的触发条件函数 f_C 取值形式为

$$f_C(\boldsymbol{y}(t_k),\boldsymbol{e}(t_k)) = -\upsilon^2\boldsymbol{y}_k^T\boldsymbol{S}\boldsymbol{y}_k + \boldsymbol{e}_k^T\boldsymbol{S}\boldsymbol{e}_k \tag{5-17}$$

基于文献[74]思想所得的触发条件函数 f_C 取值形式为

$$f_C(\boldsymbol{y}(t_k),\boldsymbol{e}(t_k)) = -\boldsymbol{y}_k^T\boldsymbol{S}_1\boldsymbol{y}_k + \boldsymbol{e}_k^T\boldsymbol{S}_2\boldsymbol{e}_k \tag{5-18}$$

更为通用的动态门限触发条件描述形式是：

$$f_C(\boldsymbol{y}(t_k),\boldsymbol{e}(t_k)) = \boldsymbol{y}_k^T\boldsymbol{S}_{11}\boldsymbol{y}_k + \boldsymbol{y}_k^T\boldsymbol{S}_{12}\boldsymbol{e}_k + \boldsymbol{e}_k^T\boldsymbol{S}_{21}\boldsymbol{y}_k + \boldsymbol{e}_k^T\boldsymbol{S}_{22}\boldsymbol{e}_k \tag{5-19}$$

比较式(5-16)～式(5-19)，可将式(5-19)视为动态门限触发条件式(5-16)～式(5-18)的统一描述形式。OF-PETC 中，输入到动态控制器的信号值只有事件发生时刻更新，动态控制器模型变为

$$\begin{cases}\dot{\boldsymbol{x}}_c(t) = \boldsymbol{A}_c\boldsymbol{x}_c(t) + \boldsymbol{B}_c\hat{\boldsymbol{y}}_k(t) \\ \boldsymbol{u}(t) = \boldsymbol{C}_c\boldsymbol{x}_c(t) + \boldsymbol{D}_c\hat{\boldsymbol{y}}_k(t)\end{cases} \quad (t_k, t_{k+1}] \tag{5-20}$$

本节的研究思路是，将式(5-1)、式(5-14)、式 (5-16)～式(5-20)所描述的 OF-PETC 系统，建模为式(1-14)的 PWL 系统，然后基于离散系统指数稳定理论分析系统的指数稳定性，并讨论触发机制参数设计问题。

5.2.2　系统建模

如果采样间隔 $h>0$ 满足对被控对象和动态控制器的离散化要求(这一要求容易满足)，则图 5-7 所示的 OF-PETC 系统等效为图 5-8 所示的离散时间控制系统形式。图 5-8 所示系统，显然可视为有两个子系统的 PWL 系统，两个子系统的切换时刻为采样间隔 h 的整数倍。两个子系统中，一个代表事件触发时系统的工作情况，这时整个系统相当于工作在闭环状态；一个代表无事件发生时系统的工作情况，此时整个系统相当于工作在开环状态。

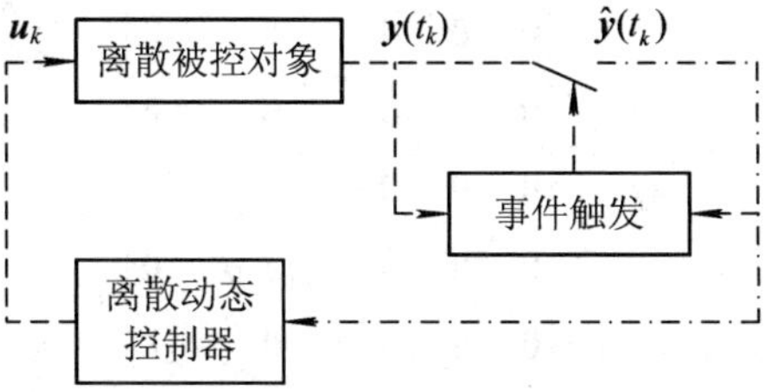

图 5-8　OF-PETC 系统等效示意图

由线性系统基本知识可知，图 5－8 中的离散被控对象模型为连续被控对象式(5－1)对应的离散化模型，即

$$\begin{cases} \boldsymbol{x}_{k+1}^{s}=\boldsymbol{A}_{d}^{s}\boldsymbol{x}_{k}^{s}+\boldsymbol{B}_{d}^{s}\boldsymbol{u}_{k} \\ \boldsymbol{y}_{k+1}=\boldsymbol{C}_{d}^{s}\boldsymbol{x}_{k}^{s} \end{cases} \tag{5-21}$$

其中，$\boldsymbol{x}_{k}^{s}=[\boldsymbol{x}_{s}(t)]_{t=kh}$，$\boldsymbol{u}_{k}=[\boldsymbol{u}(t)]_{t=kh}$，$\boldsymbol{y}_{k}=[\boldsymbol{y}(t)]_{t=kh}$，$\boldsymbol{A}_{d}^{s}=e^{\boldsymbol{A}_{s}h}$，$\boldsymbol{B}_{d}^{s}=\int_{0}^{h}e^{\boldsymbol{A}_{s}s}\boldsymbol{B}_{s}ds$，$\boldsymbol{C}_{d}^{s}=\boldsymbol{C}_{s}$。离散动态控制器模型为

$$\begin{cases} \boldsymbol{x}_{k+1}^{c}=\boldsymbol{A}_{d}^{c}\boldsymbol{x}_{k}^{c}+\boldsymbol{B}_{d}^{c}\hat{\boldsymbol{y}}_{k} \\ \boldsymbol{u}_{k+1}=\boldsymbol{C}_{d}^{c}\boldsymbol{x}_{k}^{c}+\boldsymbol{D}_{d}^{c}\hat{\boldsymbol{y}}_{k} \end{cases} \tag{5-22}$$

其中，$\boldsymbol{x}_{k}^{c}=[\boldsymbol{x}_{c}(t)]_{t=kh}$，$\boldsymbol{u}_{k}=[\boldsymbol{u}(t)]_{t=kh}$，$\boldsymbol{A}_{d}^{c}=e^{\boldsymbol{A}_{c}h}$，$\boldsymbol{B}_{d}^{c}=\int_{0}^{h}e^{\boldsymbol{A}_{c}s}\boldsymbol{B}_{c}ds$，$\boldsymbol{C}_{d}^{c}=\boldsymbol{C}_{c}$，$\boldsymbol{D}_{d}^{c}=\boldsymbol{D}_{c}$。

为扩大状态变量，定义新的状态变量为$\boldsymbol{\chi}_{k}:=[\boldsymbol{x}_{k}^{sT}\quad \boldsymbol{x}_{k}^{cT}\quad \boldsymbol{u}_{k}^{T}\quad \boldsymbol{y}_{k}^{T}\quad \boldsymbol{e}_{k}^{T}]^{T}$，则系统可描述为如下 PWL 系统形式：

$$\boldsymbol{\chi}_{k+1}=\begin{cases} \boldsymbol{A}_{1}\boldsymbol{\chi}_{k} & f_{C}(\boldsymbol{\chi}(t_{k}))>0 \\ \boldsymbol{A}_{2}\boldsymbol{\chi}_{k} & f_{C}(\boldsymbol{\chi}(t_{k}))\leqslant 0 \end{cases} \tag{5-23}$$

其中，$\boldsymbol{A}_{1}=\begin{bmatrix} \boldsymbol{A}_{d}^{s} & \boldsymbol{0} & \boldsymbol{B}_{d}^{s} & \boldsymbol{0} & \boldsymbol{0} \\ \boldsymbol{0} & \boldsymbol{A}_{d}^{c} & \boldsymbol{0} & \boldsymbol{B}_{d}^{c} & \boldsymbol{0} \\ \boldsymbol{0} & \boldsymbol{C}_{d}^{c} & \boldsymbol{0} & \boldsymbol{D}_{d}^{c} & \boldsymbol{0} \\ \boldsymbol{C}_{d}^{s} & \boldsymbol{0} & \boldsymbol{0} & \boldsymbol{0} & \boldsymbol{0} \\ -\boldsymbol{C}_{d}^{s} & \boldsymbol{0} & \boldsymbol{0} & \boldsymbol{I} & \boldsymbol{0} \end{bmatrix}$，$\boldsymbol{A}_{2}=\begin{bmatrix} \boldsymbol{A}_{d}^{s} & \boldsymbol{0} & \boldsymbol{B}_{d}^{s} & \boldsymbol{0} & \boldsymbol{0} \\ \boldsymbol{0} & \boldsymbol{A}_{d}^{c} & \boldsymbol{0} & \boldsymbol{B}_{d}^{c} & \boldsymbol{B}_{d}^{c} \\ \boldsymbol{0} & \boldsymbol{C}_{d}^{c} & \boldsymbol{0} & \boldsymbol{D}_{d}^{c} & \boldsymbol{D}_{d}^{c} \\ \boldsymbol{C}_{d}^{s} & \boldsymbol{0} & \boldsymbol{0} & \boldsymbol{0} & \boldsymbol{0} \\ -\boldsymbol{C}_{d}^{s} & \boldsymbol{0} & \boldsymbol{0} & \boldsymbol{I} & \boldsymbol{I} \end{bmatrix}$。

扩大状态变量后，对应触发条件等效形式为

$$f_{C}(\boldsymbol{\chi}_{k})=f_{C}(\boldsymbol{y}(t_{k}),\ \boldsymbol{e}(t_{k}))=\boldsymbol{\chi}^{T}(t_{k})\boldsymbol{Q}\boldsymbol{\chi}(t_{k})$$

对于触发条件式(5－16)，$\boldsymbol{Q}$ 的取值为

$$\boldsymbol{Q}=\begin{bmatrix} \boldsymbol{0} & \boldsymbol{0} & \boldsymbol{0} & \boldsymbol{0} & \boldsymbol{0} \\ \boldsymbol{0} & \boldsymbol{0} & \boldsymbol{0} & \boldsymbol{0} & \boldsymbol{0} \\ \boldsymbol{0} & \boldsymbol{0} & \boldsymbol{0} & \boldsymbol{0} & \boldsymbol{0} \\ \boldsymbol{0} & \boldsymbol{0} & \boldsymbol{0} & -\sigma^{2}\boldsymbol{I} & \boldsymbol{0} \\ \boldsymbol{0} & \boldsymbol{0} & \boldsymbol{0} & \boldsymbol{0} & \boldsymbol{I} \end{bmatrix} \tag{5-24}$$

对于触发条件式(5－17)，$\boldsymbol{Q}$ 的取值为

$$Q=\begin{bmatrix}\mathbf{0} & \mathbf{0} & \mathbf{0} & \mathbf{0} & \mathbf{0}\\ \mathbf{0} & \mathbf{0} & \mathbf{0} & \mathbf{0} & \mathbf{0}\\ \mathbf{0} & \mathbf{0} & \mathbf{0} & \mathbf{0} & \mathbf{0}\\ \mathbf{0} & \mathbf{0} & \mathbf{0} & -\upsilon^2\boldsymbol{S} & \mathbf{0}\\ \mathbf{0} & \mathbf{0} & \mathbf{0} & \mathbf{0} & \boldsymbol{S}\end{bmatrix} \tag{5-25}$$

对于触发条件式(5-18)，$\boldsymbol{Q}$ 的取值为

$$Q=\begin{bmatrix}\mathbf{0} & \mathbf{0} & \mathbf{0} & \mathbf{0} & \mathbf{0}\\ \mathbf{0} & \mathbf{0} & \mathbf{0} & \mathbf{0} & \mathbf{0}\\ \mathbf{0} & \mathbf{0} & \mathbf{0} & \mathbf{0} & \mathbf{0}\\ \mathbf{0} & \mathbf{0} & \mathbf{0} & \boldsymbol{S}_1 & \mathbf{0}\\ \mathbf{0} & \mathbf{0} & \mathbf{0} & \mathbf{0} & \boldsymbol{S}_2\end{bmatrix} \tag{5-26}$$

对于动态门限触发条件的统一描述形式式(5-19)，$\boldsymbol{Q}$ 的取值为

$$Q=\begin{bmatrix}\mathbf{0} & \mathbf{0} & \mathbf{0} & \mathbf{0} & \mathbf{0}\\ \mathbf{0} & \mathbf{0} & \mathbf{0} & \mathbf{0} & \mathbf{0}\\ \mathbf{0} & \mathbf{0} & \mathbf{0} & \mathbf{0} & \mathbf{0}\\ \mathbf{0} & \mathbf{0} & \mathbf{0} & \boldsymbol{S}_{11} & \boldsymbol{S}_{12}\\ \mathbf{0} & \mathbf{0} & \mathbf{0} & \boldsymbol{S}_{21} & \boldsymbol{S}_{22}\end{bmatrix} \tag{5-27}$$

5.2.3　系统稳定结论

定理 5.3　PETC 系统式 (5-23) 以指数衰减率 ρ GES 的条件是：存在正定矩阵 $\boldsymbol{P}_1$、$\boldsymbol{P}_2$，矩阵 $\boldsymbol{Q}$，标量 $a_{ij}\geqslant 0$，$b_{ij}\geqslant 0$ 和 $\alpha_i\geqslant 0$，$i,j\in\{1,2\}$，满足

$$\mathrm{e}^{-2\rho h}\boldsymbol{P}_i-\boldsymbol{A}_i^{\mathrm{T}}\boldsymbol{P}_j\boldsymbol{A}_i+(-1)^i\alpha_{ij}\boldsymbol{Q}+(-1)^j\beta_{ij}\boldsymbol{A}_i^{\mathrm{T}}\boldsymbol{Q}\boldsymbol{A}_i\geqslant 0,\quad i\in\{1,2\} \tag{5-28}$$

和

$$\boldsymbol{P}_i+(-1)^i\alpha_i\boldsymbol{Q}\geqslant 0,\ i\in\{1,2\} \tag{5-29}$$

证明　取如下分段 Lyapunov 函数：

$$V(\boldsymbol{\chi}_k)=\begin{cases}\boldsymbol{\chi}_k^{\mathrm{T}}\boldsymbol{P}_1\boldsymbol{\chi}_k & \boldsymbol{\chi}_k^{\mathrm{T}}\boldsymbol{Q}\boldsymbol{\chi}_k>0\\ \boldsymbol{\chi}_k^{\mathrm{T}}\boldsymbol{P}_2\boldsymbol{\chi}_k & \boldsymbol{\chi}_k^{\mathrm{T}}\boldsymbol{Q}\boldsymbol{\chi}_k\leqslant 0\end{cases} \tag{5-30}$$

可参考定理 3.2 的证明过程获得定理 5.3 的结论。

推论 5.1　如果存在 ρ 和 $\boldsymbol{Q}$ 取式(5-24)、式(5-25)、式(5-26)或式(5-27)的形式满足定理 5.3 的条件，则式(5-1)、式(5-14)和式(5-20)构成的事件触发控制系统，对应取式(5-16)～式(5-19)的触发条件时，系统渐近稳定。

推论显然成立，证明过程略。

注释：对于定理 5.3 中的 $\boldsymbol{Q}$，实为变量，除取式(5-24)的形式外，定理 5.3

中的不等式组求解问题实际为双线性矩阵不等式问题，求解相对困难[137-139]，这也是定理 5.3 在具体应用中的困难所在。

推论 5.2 式(5-1)、式(5-14)和式(5-20)构成的 OF-PETC 系统最小事件触发间隔满足 $T_{\min}=nh$，其中 n 的取值是使如下矩阵乘积最大特征大于零的最大自然数：

$$\boldsymbol{A}_1^{\mathrm{T}}(\boldsymbol{A}_2^{\mathrm{T}})^{n-1}\boldsymbol{Q}(\boldsymbol{A}_2)^{n-1}\boldsymbol{A}_1 \tag{5-31}$$

证明过程略。

5.2.4 数值仿真

考虑形如式(5-1)和式(5-2)的线性系统，其中系数矩阵取值如下：

$$\boldsymbol{A}_{\mathrm{s}}=\begin{bmatrix}1 & 2\\ -2 & 1\end{bmatrix},\ \boldsymbol{B}_{\mathrm{s}}=\begin{bmatrix}0\\ 1\end{bmatrix},\quad \boldsymbol{C}_{\mathrm{s}}=\begin{bmatrix}1 & 0\end{bmatrix}$$

$$\boldsymbol{A}_{\mathrm{c}}=\begin{bmatrix}-3 & 2\\ -6 & -3\end{bmatrix},\quad \boldsymbol{B}_{\mathrm{c}}=\begin{bmatrix}4\\ 2\end{bmatrix},\quad \boldsymbol{C}_{\mathrm{c}}=\begin{bmatrix}-2 & -4\end{bmatrix},\quad \boldsymbol{D}_{\mathrm{c}}=0$$

1. 定理 5.3 的有效性验证仿真

此仿真的目的是验证定理 5.3 的有效性。对于定理 5.3，如果触发条件的矩阵 $\boldsymbol{Q}$ 取式(5-25)～式(5-27)的形式，定理 5.3 中矩阵不等式优化问题就变成双线性矩阵不等式问题，无法用 MATLAB 工具箱验证。因此本仿真只验证 $\boldsymbol{Q}$ 取式(5-24)的求解结果，取离散采样间隔 $h=0.001$ s，可得：

$$\boldsymbol{A}_1=\begin{bmatrix}1.0010 & 0.0020 & 0 & 0 & 0 & 0 & 0\\ -0.0020 & 1.0010 & 0 & 0 & 0.0010 & 0 & 0\\ 0 & 0 & 0.9970 & 0.0020 & 0 & 0.0040 & 0\\ 0 & 0 & -0.0060 & 0.9970 & 0 & 0.0020 & 0\\ 0 & 0 & -2.0000 & -4.0000 & 0 & 0 & 0\\ 1.0000 & 0 & 0 & 0 & 0 & 0 & 0\\ -1.0000 & 0 & 0 & 0 & 0 & 1.0000 & 0\end{bmatrix}$$

$$\boldsymbol{A}_2=\begin{bmatrix}1.0010 & 0.0020 & 0 & 0 & 0 & 0 & 0\\ -0.0020 & 1.0010 & 0 & 0 & 0.0010 & 0 & 0\\ 0 & 0 & 0.9970 & 0.0020 & 0 & 0.0040 & 0.0040\\ 0 & 0 & -0.0060 & 0.9970 & 0 & 0.0020 & 0.0020\\ 0 & 0 & -2.0000 & -4.0000 & 0 & 0 & 0\\ 1.0000 & 0 & 0 & 0 & 0 & 0 & 0\\ -1.0000 & 0 & 0 & 0 & 0 & 1.0000 & 1.0000\end{bmatrix}$$

定义相关变量，利用 MATLAB LMI 工具箱编写代码求解定理 5.3 中线性矩阵不等式，仿真计算可得，令定理 5.3 中线性矩阵不等式组可解的 σ 最大取值为 $\sigma_{\max}=0.1629$。对应矩阵 $\boldsymbol{P}_1$ 和 $\boldsymbol{P}_2$ 的取值为

$$\boldsymbol{P}_1=\begin{bmatrix} 2.3829 & -0.7811 & -1.9091 & 0.8150 & -0.0005 & -0.3914 & 0.0063 \\ -0.7811 & 1.4037 & 0.9096 & -1.3171 & 0.0015 & 0.0006 & -0.0006 \\ -1.9091 & 0.9096 & 2.2455 & -0.5506 & 0.0606 & -0.0006 & -0.0046 \\ 0.8150 & -1.3171 & -0.5506 & 1.8609 & 0.1188 & 0.0009 & 0.0009 \\ -0.0005 & 0.0015 & 0.0606 & 0.1188 & 0.0301 & 0.0003 & 0.0001 \\ -0.3914 & 0.0006 & -0.0006 & 0.0009 & 0.0003 & 0.3915 & -0.0016 \\ 0.0063 & -0.0006 & -0.0046 & 0.0009 & 0.0001 & -0.0016 & 0.0798 \end{bmatrix}\times 10^3$$

$$\boldsymbol{P}_2=\begin{bmatrix} 2.4434 & -0.7807 & -1.9035 & 0.8152 & -0.0005 & -0.4573 & -0.0455 \\ -0.7807 & 1.4037 & 0.9097 & -1.3170 & 0.0015 & 0.0002 & -0.0001 \\ -1.9035 & 0.9097 & 2.2460 & -0.5501 & 0.0607 & -0.0064 & -0.0001 \\ 0.8152 & -1.3170 & -0.5501 & 1.8609 & 0.1188 & 0.0003 & 0.0018 \\ -0.0005 & 0.0015 & 0.0607 & 0.1188 & 0.0301 & 0.0001 & 0.0004 \\ -0.4573 & 0.0002 & -0.0064 & 0.0003 & 0.0001 & 0.4644 & 0.0473 \\ 0.0455 & -0.0001 & -0.0001 & 0.0018 & 0.0004 & -0.0473 & 0.0367 \end{bmatrix}\times 10^3$$

2. 定理 5.3 的正确性验证仿真

此仿真的目的是进一步验证定理 5.3 的正确性，验证推论 5.1 的正确性。具体步骤是采用仿真所得结果设计触发机制，设置非零的初始状态值，验证事件触发控制的渐近稳定性。

将 $\sigma=0.1629$ 代入触发机制(5-24)，令初始状态 $\boldsymbol{x}_0=[-3\quad 3]$，进行 20 s 时长的仿真。图 5-9 给出的是 OF-PETC 状态演化曲线，图 5-10 给出的是 Lyapunov 函数变化曲线。

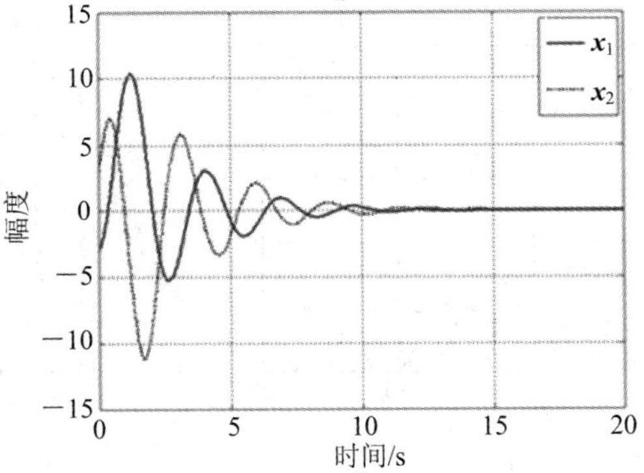

图 5-9　OF-PETC 状态演化曲线

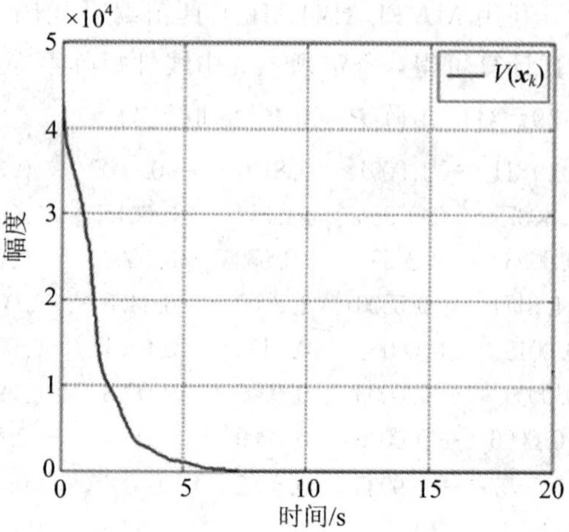

图 5-10　Lyapunov 函数变化曲线

显然图 5-9 中状态曲线均是收敛的，图 5-10 的 Lyapunov 函数也是递减的。这说明依据定理 5.3 和推论 5.1 设计的 OF-PETC 能使系统指数稳定，从而证实了定理 5.3 和推论 5.1 的正确性。

将上面计算所得的矩阵 $\boldsymbol{A}_1$、$\boldsymbol{A}_2$ 和 $\sigma=0.1629$ 时式(5-24)计算所得的 $\boldsymbol{Q}$，代入推论 5.2 中，可知当 $n=1$ 时，矩阵 $\boldsymbol{A}_1^{\mathrm{T}}\boldsymbol{A}_2^{\mathrm{T}}\boldsymbol{Q}\boldsymbol{A}_2\boldsymbol{A}_1$ 的最大特征值为 1.9868，依据推论 5.2，理论计算的最小触发间隔即为离散采样间隔 h。采用如上仿真条件，绘制触发间隔散点图，结果如图 5-11 所示，其中图 5-11(a)是整体触发间隔，图 5-11(b)是局部放大图。从图 5-11(b)中明显可看出，仿真所得的最小间隔等于仿真采样间隔 $h=0.001$，这证实了定理 5.2 的正确性。

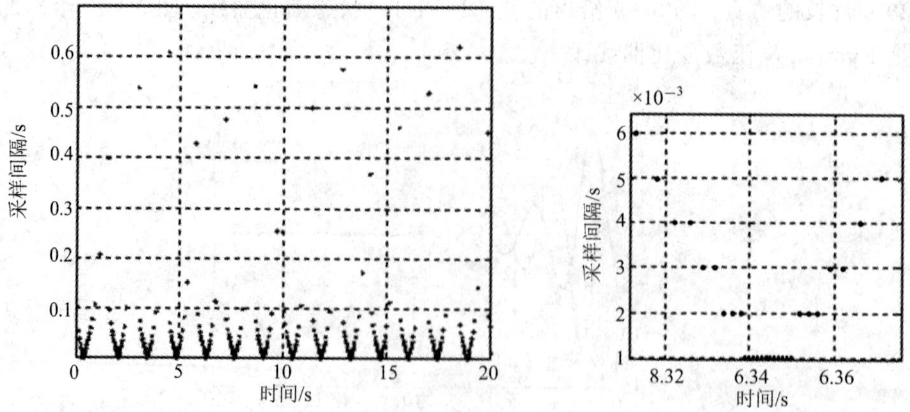

图 5-11　触发间隔散点图

本章小结

本章首先建立了连续监测情况下的动态反馈 OF-CETC 系统结构，将 OF-CETC 系统建模为非线性输入-输出系统，基于 IOS 定理，得到系统 L_2 增益稳定的线性矩阵不等式条件以及可求优化解的触发条件参数设计方法；仿真结果表明，较周期采样控制方法，本章设计的 OF-CETC 方法能够极大地节约通信资源，保证偏差到输出的 L_2 增益关系成立。其次，针对 OF-PETC 系统，设计了多种形式的动态门限触发机制，并提出了动态门限触发机制的统一描述形式，基于统一描述形式，将 OF-PETC 系统建模为 PWL 系统，得到系统 GES 的双线性矩阵不等式条件以及可求优化解的触发条件参数设计方法，并采用数值仿真验证了结论的正确性。

第6章 基于事件触发机制的伺服控制系统设计

随着航天发射任务的多样化需求日趋强烈，火箭控制系统的数字化、模块化和扁平化设计已成为一种发展趋势[140]。未来的宇航火箭以及导弹武器系统中，控制制导系统可能会向基于总线或通信网构成的NCS结构演变，系统中各单元节点直接挂在总线上或接入通信网[141]，可能会面临通信带宽资源受限的挑战，要求各节点对通信资源的消耗尽量少。同样，对火箭中用于推力矢量控制的伺服机构也有类似的要求。对于火箭中用于推力矢量控制的伺服机构，作为一工程实例，被控对象的全状态信息不容易获得，故一般采用基于输出反馈的方法实现控制。当前，关于伺服控制系统的设计，研究热点主要集中在系统数字化设计以及鲁棒控制的设计[142]，对于数字化控制设计中的通信带宽受限问题，还鲜见成果，而这一问题势必是未来数字化、网络化和一体化的火箭以及导弹武器控制制导系统设计和升级改造中必须重视的问题。

鉴于以上分析，本章以某火箭发动机推力矢量控制电动伺服机构作为被控对象，研究在一类特殊设计情况下，利用输出反馈事件触发伺服控制(Event-triggered Servo Control，ETSC)实现通信资源节约的问题。类似5.2节的研究思路，首先将系统建模为受扰系统，然后利用受扰系统稳定理论分析系统的稳定性以及触发条件参数确定问题。

6.1 ETSC问题描述

某型号的发动机推力矢量控制中，俯仰或偏航单方向运动的电动伺服机构2自由度伺服系统支配方程为[142]

$$U = K_e\dot{\theta}_m + 2RI + 2L\dot{I} \tag{6-1}$$

$$K_tI = \frac{T_1}{N} + J_n\ddot{\theta}_m + c_n\dot{\theta}_m \tag{6-2}$$

$$\dot{\theta}_{m} = N\dot{\theta}_{n} \tag{6-3}$$

$$T_{1} = k_{1}(\theta_{n} - \theta_{1}) \tag{6-4}$$

$$T_{1} + T_{d} = J_{1}\ddot{\theta}_{1} + c_{1}\dot{\theta}_{1} \tag{6-5}$$

式中，U、I 分别是电动机电枢电压和电流，R、L 分别是电动机绕组电阻和电感，θ_{m} 为电动机轴输出转角，θ_{1} 为负载输出转角，其他参量定义可参考文献[142]。为了提升研究的针对性，不考虑工程中的不确定性和非线性因素，忽略干扰力矩，消去中间变量θ_{m}，可得如下方程组：

$$\begin{cases} \dot{I} = -\dfrac{R}{L}I - \dfrac{K_{e}N}{2L}\dot{\theta}_{n} + \dfrac{1}{2L}U \\ \ddot{\theta}_{n} = \dfrac{K_{t}}{J_{n}N}I - \dfrac{k_{1}}{J_{n}N^{2}}\theta_{n} - \dfrac{c_{n}}{J_{n}}\dot{\theta}_{n} + \dfrac{k_{1}}{J_{n}N^{2}}\theta_{1} \\ \ddot{\theta}_{1} = \dfrac{k_{1}}{J_{1}}\theta_{n} - \dfrac{k_{1}}{J_{1}}\theta_{1} - \dfrac{c_{1}}{J_{1}}\dot{\theta}_{1} \end{cases} \tag{6-6}$$

令 $\boldsymbol{x}_{s} = [I \quad \theta_{n} \quad \dot{\theta}_{n} \quad \theta_{1} \quad \dot{\theta}_{1}]$，伺服控制系统可描述为如下线性时不变(LTI)模型：

$$\dot{\boldsymbol{x}}_{s} = \boldsymbol{A}_{s}\boldsymbol{x}_{s} + \boldsymbol{B}_{s}\boldsymbol{u} \tag{6-7}$$

$$\boldsymbol{z} = \boldsymbol{C}_{s}\boldsymbol{x}_{s} \tag{6-8}$$

$$\boldsymbol{y} = \boldsymbol{r} - \boldsymbol{z} \tag{6-9}$$

其中，$\boldsymbol{x}$ 代表被控对象的状态，$\boldsymbol{u}$ 代表控制输入，$\boldsymbol{r}$ 为参考输入，$\boldsymbol{z}$ 为跟踪控制输出，$\boldsymbol{y}$ 为跟踪误差，$\boldsymbol{A}_{s}$、$\boldsymbol{B}_{s}$、$\boldsymbol{C}_{s}$ 为系数矩阵，分别为

$$\boldsymbol{A}_{s} = \begin{bmatrix} -\dfrac{R}{L} & 0 & -\dfrac{K_{e}N}{2L} & 0 & 0 \\ 0 & 0 & 1 & 0 & 0 \\ \dfrac{K_{t}}{J_{n}N} & \dfrac{-k_{1}}{J_{n}N^{2}} & -\dfrac{c_{n}}{J_{n}} & \dfrac{k_{1}}{J_{n}N^{2}} & 0 \\ 0 & 0 & 0 & 0 & 1 \\ 0 & \dfrac{k_{1}}{J_{1}} & 0 & -\dfrac{k_{1}}{J_{1}} & -\dfrac{c_{1}}{J_{1}} \end{bmatrix}, \quad \boldsymbol{B}_{s} = \begin{bmatrix} \dfrac{1}{2L} \\ 0 \\ 0 \\ 0 \\ 0 \end{bmatrix}$$

$$\boldsymbol{C}_{s} = [0 \quad 1 \quad 0 \quad 0 \quad 0]$$

系统采用如下的动态控制器可实现有效跟踪：

$$\dot{\boldsymbol{x}}_{c} = \boldsymbol{A}_{c}\boldsymbol{x}_{c} + \boldsymbol{B}_{c}\boldsymbol{y} \tag{6-10}$$

$$\boldsymbol{u} = \boldsymbol{C}_{c}\boldsymbol{x}_{c} \tag{6-11}$$

动态输出反馈事件触发伺服控制系统如图 6－1 所示，为了提高研究的针

对性，假定控制器输出到被控对象的信息传递不受任何限制，即不存在时延、带宽和量化等因素的影响；而被控对象的测量输出到动态控制器输入端的采样和信息传递受到事件触发器的控制，即图 6-1 中点画线部分，其含义是只有在事件触发时刻 t_k 时才执行采样和信息传递，事件触发时刻由如下触发机制决定：

$$\begin{cases} t_0 = 0 \\ t_{k+1} = \sup\{t > t_k \mid \| \boldsymbol{e}_z(t) \|^2 \leqslant \sigma^2 \| \boldsymbol{z}(t) \|^2\} \end{cases} \tag{6-12}$$

其中，参数 σ 称为触发机制参数，$\boldsymbol{e}_z(t)$为被控对象上一采样时刻输出和当前输出的偏差，即

$$\boldsymbol{e}_z(t) = \hat{\boldsymbol{z}}(t_k) - \boldsymbol{z}(t) \qquad (t_k, t_{k+1}] \tag{6-13}$$

其中，$\hat{\boldsymbol{z}}(t_k)$ 为事件触发时刻 t_k 的采样值。在事件触发控制中，控制器的实际输入变为

$$\hat{\boldsymbol{y}}(t) = \boldsymbol{r}(t) - \hat{\boldsymbol{z}}(t_k) \qquad (t_k, t_{k+1}] \tag{6-14}$$

对应地，式(6-10)的动态反馈控制器也变为如下形式：

$$\dot{\boldsymbol{x}}_c = \boldsymbol{A}_c \boldsymbol{x}_c + \boldsymbol{B}_c \hat{\boldsymbol{y}} \tag{6-15}$$

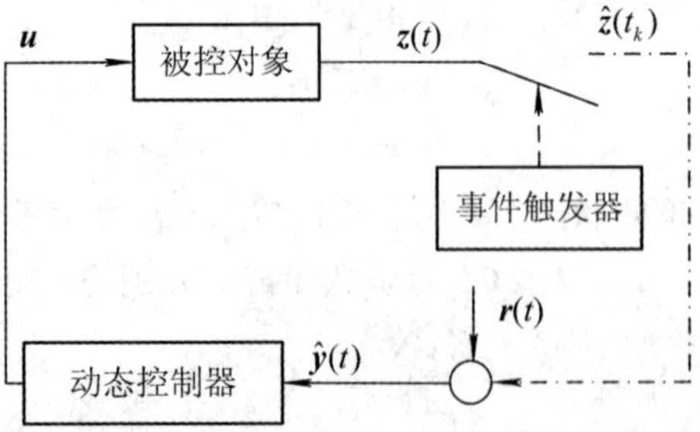

图 6-1 动态输出反馈 ETSC 系统示意图

本章的研究思路是：将由式(6-7)～式(6-9)和式(6-11)～式(6-15)构成的 ETSC 系统描述为式(5-6)和式(5-7)所示的受扰输出系统，然后利用引理 5.1，研究系统的 L_2 稳定性分析以及确保系统稳定的触发机制式(6-12)中参数 σ 的选择问题。

6.2 系统建模

令状态为 $\boldsymbol{x} = [\boldsymbol{x}_s^{\mathrm{T}} \ \ \boldsymbol{x}_c^{\mathrm{T}}]^{\mathrm{T}}$，图 6-1 所示的 ETSC 系统等效为图 6-2 所示的形式，ETSC 系统描述可变为

$$\begin{cases} \dot{\boldsymbol{x}} = \underbrace{\begin{bmatrix} \boldsymbol{A}_s & \boldsymbol{B}_s\boldsymbol{C}_c \\ -\boldsymbol{B}_c\boldsymbol{C}_s & \boldsymbol{A}_c \end{bmatrix}}_{\boldsymbol{A}} \boldsymbol{x} + \underbrace{\begin{bmatrix} 0 \\ -\boldsymbol{B}_c \end{bmatrix}}_{\boldsymbol{B}} \boldsymbol{e} + \underbrace{\begin{bmatrix} 0 \\ \boldsymbol{B}_c \end{bmatrix}}_{\boldsymbol{G}} \boldsymbol{r} \\ \boldsymbol{z} = \underbrace{\begin{bmatrix} \boldsymbol{C}_s & 0 \end{bmatrix}}_{\boldsymbol{C}} \boldsymbol{x} \end{cases} \tag{6-16}$$

则 ETSC 系统分析问题可转化为式(6－16)系统输入 $\boldsymbol{e}_z(t)$ 到输出 $\boldsymbol{z}(t)$ 的 L_2 稳定问题。

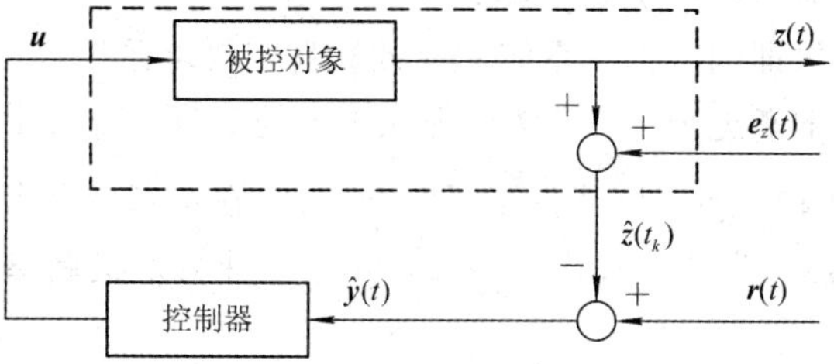

图 6－2 ETSC 系统等效示意图

6.3 主要结论

定理 6.1 系统(6－16)对事件触发引入的偏差 $\boldsymbol{e}$ 输入到输出 $\boldsymbol{z}$ 以小于等于 γ 的 L_2 增益稳定的条件是，存在对称矩阵 $\boldsymbol{P}>0$ 满足如下线性矩阵不等式：

$$\begin{bmatrix} \boldsymbol{A}^{\mathrm{T}}\boldsymbol{P}+\boldsymbol{P}\boldsymbol{A}+\boldsymbol{C}^{\mathrm{T}}\boldsymbol{C} & \boldsymbol{P}\boldsymbol{B} \\ \boldsymbol{B}^{\mathrm{T}}\boldsymbol{P} & -\gamma^2\boldsymbol{I} \end{bmatrix} \leqslant 0 \tag{6-17}$$

证明 令 $V(\boldsymbol{x})=\boldsymbol{x}^{\mathrm{T}}\boldsymbol{P}\boldsymbol{x}$，显然 $V(\boldsymbol{x})$ 为连续可微二次函数，L_2 稳定条件变为如下形式：

$$\frac{\partial V}{\partial \boldsymbol{x}} f(\boldsymbol{x}, \boldsymbol{e}) \leqslant -\|\boldsymbol{z}\|^2+\gamma^2\|\boldsymbol{e}\|^2 \tag{6-18}$$

结合系统(6－16)，式(6－18)变为如下形式：

$$\begin{aligned} \frac{\partial V}{\partial \boldsymbol{x}} f(\boldsymbol{x}, \boldsymbol{e}) &= \dot{V} = \dot{\boldsymbol{x}}^{\mathrm{T}}\boldsymbol{P}\boldsymbol{x}+\boldsymbol{x}^{\mathrm{T}}\boldsymbol{P}\dot{\boldsymbol{x}} \\ &= (\boldsymbol{x}^{\mathrm{T}}\boldsymbol{A}^{\mathrm{T}}+\boldsymbol{e}^{\mathrm{T}}\boldsymbol{B}^{\mathrm{T}})\boldsymbol{P}\boldsymbol{x}+\boldsymbol{x}^{\mathrm{T}}\boldsymbol{P}(\boldsymbol{A}\boldsymbol{x}+\boldsymbol{B}\boldsymbol{e}) \\ &= \boldsymbol{x}^{\mathrm{T}}(\boldsymbol{A}^{\mathrm{T}}\boldsymbol{P}+\boldsymbol{P}\boldsymbol{A})\boldsymbol{x}+\boldsymbol{e}^{\mathrm{T}}\boldsymbol{B}^{\mathrm{T}}\boldsymbol{P}\boldsymbol{x}+\boldsymbol{x}^{\mathrm{T}}\boldsymbol{P}\boldsymbol{B}\boldsymbol{e} \\ &= \begin{bmatrix} \boldsymbol{x}^{\mathrm{T}} & \boldsymbol{e}^{\mathrm{T}} \end{bmatrix} \begin{bmatrix} \boldsymbol{A}^{\mathrm{T}}\boldsymbol{P}+\boldsymbol{P}\boldsymbol{A} & \boldsymbol{P}\boldsymbol{B} \\ \boldsymbol{B}^{\mathrm{T}}\boldsymbol{P} & \boldsymbol{0} \end{bmatrix} \begin{bmatrix} \boldsymbol{x} \\ \boldsymbol{e} \end{bmatrix} \end{aligned}$$

又

$$-\|z\|^2+\gamma^2\|e\|^2=\begin{bmatrix}x^{\mathrm{T}} & e^{\mathrm{T}}\end{bmatrix}\begin{bmatrix}-C^{\mathrm{T}}C & 0\\ 0 & \gamma^2 I\end{bmatrix}\begin{bmatrix}x\\ e\end{bmatrix}$$

显然公式(6－17)成立就能确保公式(6－18)成立，也就是保证了系统(6－16) e 到 z 的 L_2 稳定。证毕。

定理 6.2 对于由式(6－7)～式(6－9)和式(6－11)～式(6－15)构成的 ETSC 系统，当 $\sigma=1/\gamma_{\min}$ 时能够获取最大触发间隔且实现有效跟踪，其中 $\gamma_{\min}$ 为定理 6.1 条件成立时的 γ 最小取值。

证明 为了保证伺服控制系统的有效跟踪，要求系统(6－16)在不考虑参考输入 r 的情况下渐近稳定，显然定理 6.1 中的 $V(x)=x^{\mathrm{T}}Px$ 满足正定有界条件，如果再有 $\dot{V}(x)\leqslant 0$，则能保证系统(6－16)在不考虑参考输入 r 的情况下渐近稳定，即 $V(x)$ 为李亚普诺夫函数，因此一种触发机制参数确定思路就是要求：

$$-\|z\|^2+\gamma^2\|e\|^2\leqslant 0$$

依据触发条件式(6－12)，可得 $-\|z(t)\|^2+\dfrac{1}{\sigma^2}\|e(t)\|^2\leqslant 0$ 成立，显然 σ 取值越大，事件触发间隔越大，比较可得 $\gamma=\sigma^{-1}$，因此 γ 取最小值 $\gamma_{\min}$ 的时候，σ 能够取得最大值，也就是能够获取最大触发间隔。

6.4 数值仿真

以式(6－7)～式(6－11)描述的伺服控制系统作为仿真对象，使用文献[142]中的参数，采用式(6－12)～式(6－15)描述的事件触发控制方法，进行如下三个方面的仿真验证。

6.4.1 结论正确性验证仿真

此仿真的目的是验证定理 6.1 和定理 6.2 的正确性。仿真分两步进行：第一步，利用 MATLAB LMI 工具箱编写代码求解定理 6.1 中线性矩阵不等式，寻找使线性矩阵不等式可行解存在的最小参数 γ；第二步，以第一步所得结果设计触发机制，设置非零的参考输入，验证事件触发跟踪控制的跟踪能力和资源节约情况。

仿真结果：保证定理 6.1 中不等式成立的 LMI 优化结果为 $\gamma_{\min}=96$，将 $\sigma=\gamma^{-1}=0.0104$ 代入触发机制式(6－12)，并与周期采样(采样周期

$T=0.001$ s)控制方法进行对比仿真。图 6－3 给出的是系统采用事件触发方法和周期采样方法跟踪阶跃信号时的输出演化曲线，从图中可看出两种方法获得的跟踪曲线基本重合，说明事件触发方法基本能够取得和周期采样方法一样的跟踪效果。

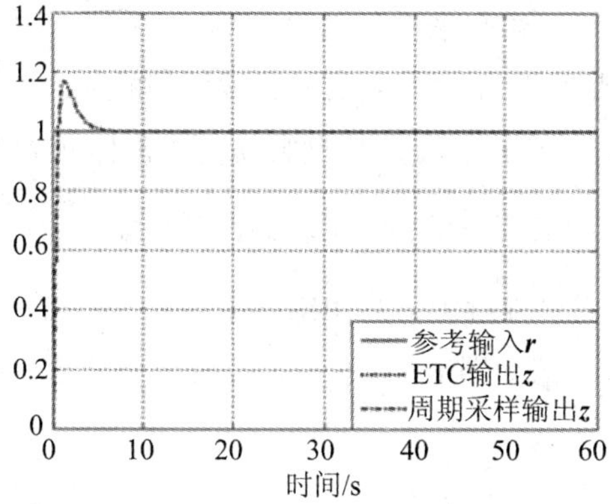

图 6－3　事件触发方法与周期采样方法的跟踪曲线

图 6－4 给出的是事件触发方法的采样间隔散点图，从图中可看出事件触发方法的最大采样间隔接近 2.6 s，除初始 4 s 时间段内，其他时刻(跟踪进入稳态后)采样间隔大约在 1～1.5 s 内，这说明事件触发方法可获得较大的采样间隔。仿真中事件触发方法平均采样间隔为 0.1835 s，较周期采样方法，采样间隔扩大约 180 倍，但二者获得的跟踪效果基本一样。这说明，针对这一算例，事件触发方法可节约 99.4%的通信资源。需要注意的是，这仅为直观的定性仿真，具体性能还需通过定量仿真进行对比。

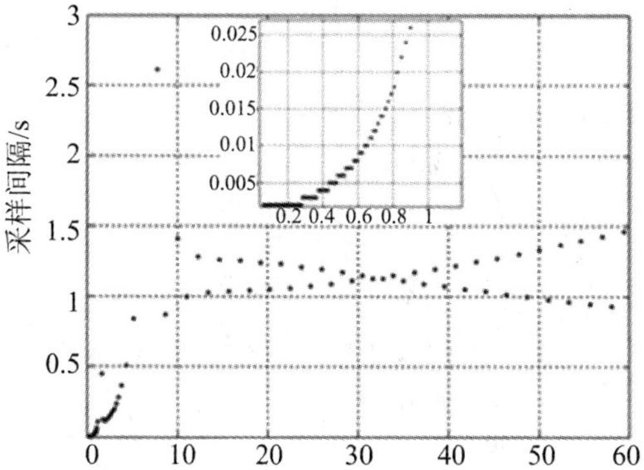

图 6－4　ETC 事件触发间隔散点图

6.4.2 跟踪性能验证仿真

此仿真的目的是研究事件触发方法对斜坡信号、正弦信号和方波信号的跟踪能力，并从定量角度对比事件触发方法与周期采样方法的跟踪性能。

仿真时间为 60 s，仿真采样间隔为 $h=0.001$ s。其中：斜坡信号最大幅值为 1，60 s 内从 0 到 1 线性增加；正弦和方波信号的幅值也为 1，周期为 $T=20$ s。仿真对比的性能指标有：平均采样间隔 $h_{\min}$；整体跟踪性能指标 J，定义为 $J=\int_0^{60}\|\boldsymbol{y}(t)\|^2\mathrm{d}t$；针对方波信号的稳态跟踪性能 $J_1=\int_{15}^{20}\|\boldsymbol{y}(t)\|^2\mathrm{d}t$。

仿真结果：采用事件触发方法跟踪斜坡信号、正弦信号和方波信号的输出曲线及触发间隔散点图如图 6 - 5 所示，从图中可看出，事件触发方法可有效跟踪各种信号。

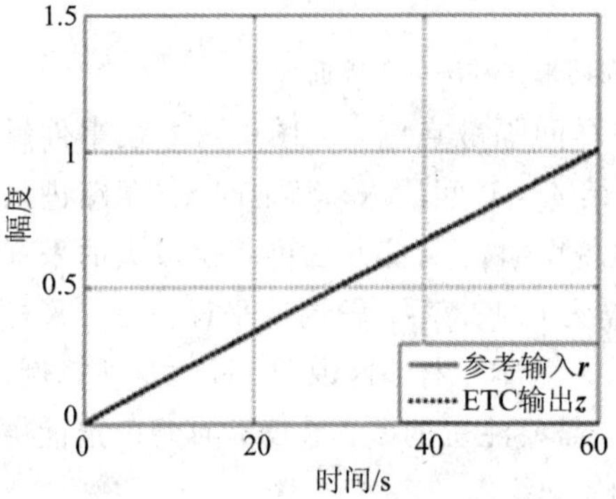

(a) 跟踪斜坡信号的输入/输出曲线

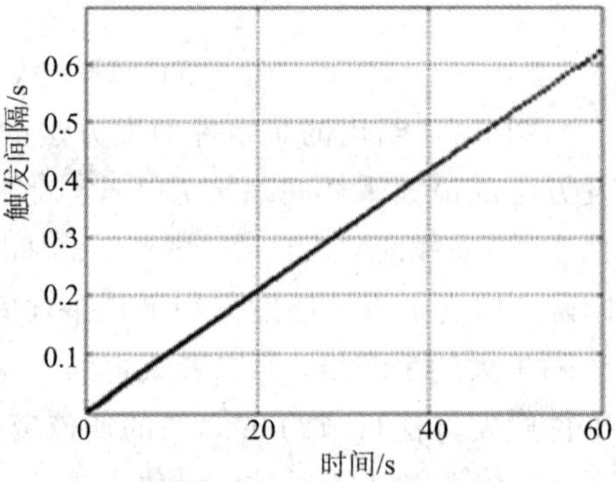

(b) 跟踪斜坡信号的事件触发间隔散点图

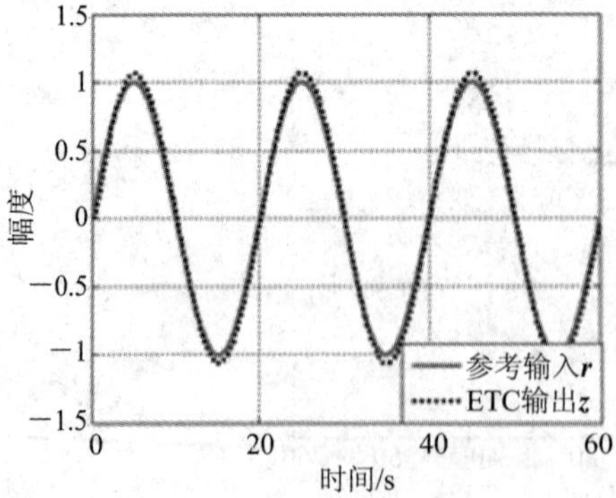

(c) 跟踪正弦信号的输入/输出曲线

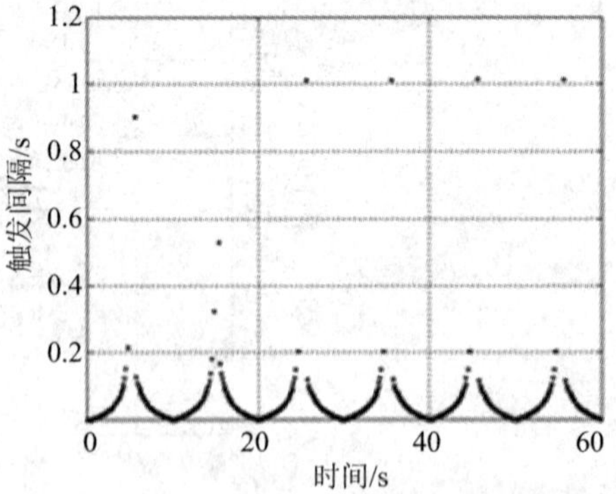

(d) 跟踪正弦信号的事件触发间隔散点图

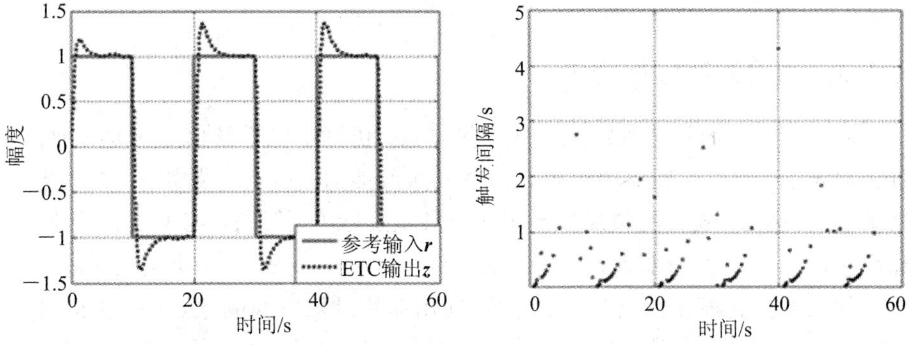

(e) 跟踪方波信号的输入/输出曲线　　(f) 跟踪方波信号的事件触发间隔散点图

图 6-5　采用事件触发方法跟踪不同输入信号的输入/输出曲线及触发间隔散点图

表 6-1 给出的是两种方法对不同信号跟踪情况的定量仿真结果，从表中可看出当输入信号为斜坡信号时，事件触发方法在 $\sigma=0.002$ 时取得的跟踪性能等同于周期采样方法在 $T=0.001$ s 时取得的跟踪性能，平均采样间隔为 $T_{mean}=0.0112$ s，可节约 91%的通信资源；当输入信号为正弦信号时，事件触发方法在 $\sigma=0.0104$ 时取得的跟踪性能优于周期采样方法在 $T=0.001$ s 时取得的跟踪性能，平均采样间隔为 $T_{mean}=0.0080$ s，可节约 77.5%的通信资源；当输入信号为方波信号时，事件触发方法在 $\sigma=0.0104$ 时取得的跟踪性能基本相当于周期采样方法在 $T=0.001$ s 时取得的跟踪性能，平均采样间隔为 $T_{mean}=0.0130$ s，可节约 92.3%的通信资源。

表 6-1　事件触发方法和周期采样方法的定量仿真结果

采样方法	斜坡信号		正弦信号		方波信号		
	J	T_{mean}/s	J	T_{mean}/s	J	J_1	T_{mean}/s
周期采样方法 $T=0.001$ s	5.6×10^{-5}	0.001	0.146	0.001	6.0175	7.2×10^{-4}	0.001
事件触发方法 $\sigma=0.0104$	4.74×10^{-4}	0.0705	0.144	0.0080	6.0101	6.15×10^{-4}	0.0130
事件触发方法 $\sigma=0.005$	1.3×10^{-4}	0.0261	0.143	0.0043	6.0097	6.12×10^{-4}	0.0075
事件触发方法 $\sigma=0.002$	5.5×10^{-5}	0.0112	0.140	0.0021	6.0001	6.10×10^{-4}	0.0040

6.4.3 结论的保守性仿真

此仿真的目的是考察定理 6.2 的保守性。仿真中以正弦信号为例，通过设置参数 σ 逐渐变大，观察事件触发方法的跟踪能力。仿真结果如表 6－2 所示，结果表明，在 $\sigma=0.2$ 的情况下系统还具备跟踪能力，但随着参数 σ 的变大，跟踪性能指标 J 值逐渐变大，说明跟踪性能逐渐下降。图 6－6 给出的是 $\sigma=0.2$ 时事件触发方法跟踪正弦信号的输入/输出曲线及触发间隔散点图。由此可见，依据定理 6.2 设计出的触发机制参数存在着一定的保守性，系统实际的稳定门限要更大一些，此外，对比图 6－5 可知，图 6－6 的跟踪性能明显变差。

表 6－2　参数 σ 对跟踪性能的影响

事件触发方法	$\sigma=0.0104$	$\sigma=0.02$	$\sigma=0.05$	$\sigma=0.1$	$\sigma=0.2$
J	0.144	0.149	0.1509	0.1691	0.3328
T_{mean}/s	0.0080	0.0139	0.0308	0.0568	0.1047

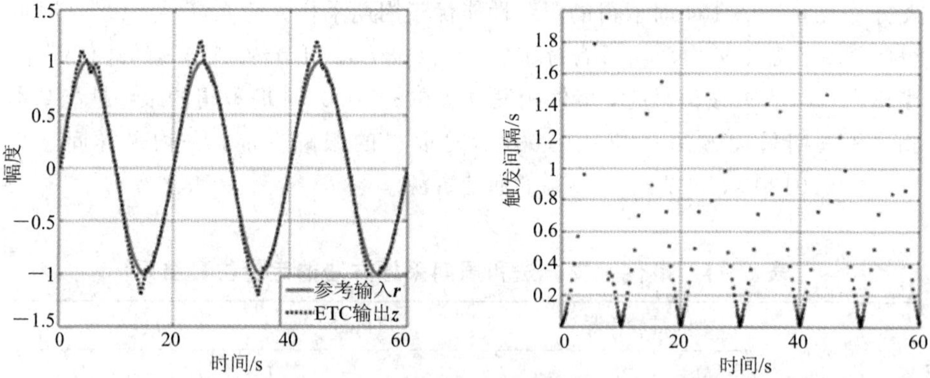

(a) 跟踪正弦信号的输入/输出曲线　(b) 跟踪正弦信号的事件触发间隔散点图

图 6－6　$\sigma=0.2$ 时事件触发方法跟踪正弦信号的输入/输出曲线及触发间隔散点图

本 章 小 结

推力矢量控制中的伺服机构控制实为跟踪控制问题，利用跟踪控制输出偏差设计事件触发机制，可构成 ETSC 系统，利用受扰系统理论可实现系统的分析和触发机制参数的确定。仿真结果表明，本章所提方法在跟踪阶跃信号时，

ETSC 能够在保持与高速采样数据控制基本相同的跟踪响应情况下，节约 99% 的通信资源。对斜坡信号、正弦信号和方波信号的跟踪仿真说明，ETSC 方法可实现对于任意参考输入信号的跟踪，较周期采样方法节约 77.5%以上的通信资源。实际工程应用时，依据本章方法设计出的触发机制参数偏保守，可根据工程需要适当调节，从而节约更多的通信资源，但这可能会导致跟踪性能的下降。

参考文献

[1] ZHANG W, BRANICKY M S, PHILLIPS S M. Stability of networked control systems[J]. IEEE Control Systems, 2001, 21(1): 84-99.

[2] GREGORY C W, HONG Y, et al. Stability analysis of networked control systems[J]. IEEE Transactions on Systems Technology, 2002, 10(3): 438-446.

[3] CHEN T, Francis B A. Optimal sampled-data control systems[M]. Berlin: Springer-Verlag, 1995.

[4] ASTRÖM K, BERNHARDSSON B. Comparison of periodic and event based sampling for first order stochastic systems[C]// IFAC World Conf. 1999: 301-306.

[5] ARZEN K E. A simple event-based PID controller[C]//IFAC World Conf. 1999: 423-428.

[6] KWON W H, KIM Y H. Event-based modeling and control for the burn through point in sintering processes [J]. IEEE Transactions on Control Systems Technology. 1999, 7(1): 31-41.

[7] ASTRÖM K. Event based control[M]// ASTOLFI A, MARCONI L. Analysis and design of nonlinear control systems. Berlin: Springer-Verlag. 2008: 127-147.

[8] SANDEE J, HEEMELS W, HULSENBOOM S, et al. Analysis and experimental validation of a sensor-based event-driven controller[C]//American Control Conference. 2007: 2867-2874.

[9] HENNINGSSON T, CERVIN A. Comparison of LTI and event-based control for a moving cart with quantized position measurements[C]//European Control Conference. 2009: 3791-3796.

[10] COGILL R. Event-based control using quadratic approximate value functions[C]// Joint IEEE Conference on Decision and Control and Chinese Control Conference. 2009: 5883-5888.

[11] TOMOVIC R, BEKEY G. Adaptive sampling based on amplitude sensitivity[J]. IEEE Transactions on Automatic Control, 1966, 11(2): 282-284.

[12] BEKEY G, TOMOVIC R. Sensitivity of discrete systems to variation of sampling interval[J]. IEEE Transactions on Automatic Control, 1966, 11(2): 284-287.

[13] SAYINER N, SORENSEN H V, VISWANATHAN T R. A level-crossing sampling scheme for A/D conversion[J]. IEEE Transactions on Circuits and Systems II: Analog and Digital Signal Processing, 1996, 43(4): 335-339.

[14] KOFMAN E, BRASLAVSKY J. Level crossing sampling in feedback stabilization under data-rate constraints[C]//IEEE Conference on Decision & Control. 2006: 4423-4428.

[15] ASTRÖM K, BERNHARDSSON B. Comparison of Riemann and Lebesgue sampling for first order stochastic systems[C]//Proceedings of the 41st IEEE Conference on Decision and Control. 2002: 2011-2016.

[16] MISKOWICZ M. Analytical approximation of the uniform magnitude-driven sampling effectiveness [C]//Proceedings of IEEE International Symposium on Industrial Electronics. 2004: 407-410.

[17] MISKOWICZ M. Send-on-delta concept: an event-based data reporting strategy[J]. Sensors, 2006, 6(1): 49-63.

[18] NGUYENEMAIL V H, SUH Y S. Improving estimation performance in networked control systems applying the send-on-delta transmission method[J]. Sensors, 2007, 7(10): 2128-2138.

[19] NGUYEN V, SUH Y. Networked estimation with an area-triggered transmission method[J]. Sensors, 2008, 8(2): 897-909.

[20] MISKOWICZ M. Efficiency of event-based sampling according to error energy Criterion[J]. Sensors, 2010, 10(3): 2242-2261.

[21] TABUADA P, WANG X. Preliminary results on state-triggered scheduling of stabilizing control tasks [C]//IEEE Conference on Decision and Control. 2006: 282-287.

[22] HRISTU-VARSAKELIS D, KUMAR P R. Interrupt-based feedback control over shared communication medium [R]. Technical Report TR 2003-34, University of Maryland, ISR, 2003.

[23] HEEMELS W P M H, GORTER R J A, VAN Z A, et al. Asynchronous measurement and control: a case study on motor synchronization [J]. Control Engineering Practice, 1999, 7(12): 1467-1482.

[24] HEEMELS W P M H, JOHANSSON K H, TABUADA P. An introduction to event-triggered and self-triggered control[C]//IEEE 51st Annual Conference on Decision and Control. 2012: 3270-3285.

[25] LIU Q, WANG Z, HE X, et al. A survey of event-based strategies on control and estimation[J]. Systems Science & Control Engineering An Open Access Journal, 2014, 2(1): 90-97.

[26] ZOU L, WANG Z, DONG H, et al. Time- and event-driven communication process for networked control systems: a survey[J]. Abstract & Applied Analysis, 2014,

2014：1-10.

[27] JIANG Z P，LIU T F. A survey of recent results in quantized and event-based nonlinear control[J]. International Journal of Automation and Computing，2015，12(5)：455-466.

[28] DING D，WANG Z，DONG H，et al. Performance analysis with network-enhanced complexities：on fading measurements，event-triggered mechanisms，and cyber attacks[J]. Abstract & Applied Analysis，2014，2014(1)：1-10.

[29] LEHMANN D，LUNZE J，JOHANSSON K H. Comparison between sampled-data control，deadband control and model-based event-triggered control [J]. IFAC Proceedings Volumes，2012，45(9)：7-12.

[30] LUNZE J，LEHMANN D. A state-feedback approach to event-based control[J]. Automatica，2010，46(1)：211-215.

[31] LEHMANN D，LUNZE J. Event-based control using quantized state information[J]. IFAC Proceedings Volumes，2010，43(19)：1-6.

[32] WANG X，LEMMON M D. Event design in event-triggered feedback control systems [C]//47th IEEE Conference on Decision & Control. 2008：2105-2110.

[33] WANG X，LEMMON M. Decentralized event-triggered broadcasts over networked control systems [M]. //EGERSTEDT M，MISHRA B. Hybrid systems：computation and control. Berlin：Sprinter，2008：674-677.

[34] WANG X，LEMMON M D. Event-triggered broadcasting across distributed networked control systems[C]//American Control Conference. 2008：3139-3144.

[35] WANG X，LEMMON M D. Event-triggering in distributed networked systems with data dropouts and delays[C]//Hybrid Systems：Computation and Control，12th International Conference. 2009：366-380.

[36] WANG X，LEMMON M D. Event-triggering in distributed networked control systems[J]. IEEE Transactions on Automatic Control，2011，56(3)：586-601.

[37] WANG X，LEMMON M D. Asymptotic stability in distributed event-triggered networked control systems with delays[C]//Proceedings of the American Control Conference. 2010：1362-1367.

[38] LEHMANN D，LUNZE J. Event-based output-feedback control [C]// IEEE 19th Mediterranean Conference on Control & Automation (MED). 2011：982 - 987.

[39] HEEMELS W P M H，SANDEE J H，BOSCH P P J VD. Analysis of event-driven controllers for linear systems[J]. International Journal of Control，2008，81(4)：571-590.

[40] HEEMELS W P M H，DONKERS M C F. Model-based periodic event-triggered control for linear systems[J]. Automatica，2013，49(3)：698-711.

[41] HEEMELS W P M H, DONKERS M C F, Teel A R. Periodic event-triggered control based on state feedback[C]//IEEE Conference on Decision & Control & European Control Conference. 2011: 2571-2576.

[42] DONKERS M C F, HEEMELS W P M H. Output-based event-triggered control with guaranteed L ∞-gain and improved and decentralized event-triggering [J]. IEEE Transactions on Automatic Control, 2012, 57(6): 1362-1376.

[43] HEEMELS W P M H, DONKERS M C F, TEEL A. Periodic event-triggered control for linear systems[J]. IEEE Transactions on Automatic Control, 2013, 58(4): 847- 860.

[44] TABUADA P. Event-triggered real-time scheduling of stabilizing control tasks[J]. IEEE Transactions on Automatic Control. 2007, 52(9): 1680-1685.

[45] TABUADA P, ANTUNES D, HEEMELS W P M H. Dynamic programming formulation of periodic event-triggered control: performance guarantees and co-design[C]//2012 IEEE 51st Annual Conference on Decision and Control (CDC). 2012: 7212 - 7217.

[46] POSTOYAN R, TABUADA P, ANTA A, et al. Event-triggered and self-triggered stabilization of distributed networked control systems[C]// 50th IEEE Conference on Decision and Control and European Control Conference (CDC-ECC). 2011: 2565 - 2570.

[47] MAZO M, CAO M. Decentralized event-triggered control with asynchronous updates[C]// 50th IEEE Conference on Decision and Control and European Control Conference (CDC-ECC). 2011: 2547-2552.

[48] MAZO M, TABUADA P. Decentralized event-triggered control over wireless sensor/actuator networks [J]. IEEE Transactions on Automatic Control, 2011, 56 (10): 2456-2461.

[49] ANTA A, TABUADA P. Exploiting isochrony in self-triggered control [J]. IEEE Transactions on Automatic Control, 2010, 57(4): 950-962.

[50] VELASCO M, MART P, FUERTES J M. The self triggered task model for real-time control systems[C]//24th IEEE Real-Time Systems Symposium. 2004: 67-70.

[51] LEMMON M, CHANTEM T, HU X S, et al. On Self-triggered Full-Information H-Infinity Controllers [M]. //Hybrid Systems: Computation and Control. New York: Springer Berlin Heidelberg, 2007: 371-384.

[52] MAZO J, TABUADA M P. On event-triggered and self-triggered control over sensor/actuator networks[C]//Proceedings of the 47th IEEE Conference on Decision and Control. 2008: 435-440.

[53] WANG X, LEMMON M D. Self-triggered feedback control systems with finite L_2 gain stability[J]. IEEE Transactions on Automatic Control. 2009, 54(3): 452-467.

[54] MAZO J, ANTA A, TABUADA P. On self-triggered control for linear systems:

Guarantees and complexity[C]//European Control Conference. 2009：4592-4597.

[55] MAZO J，TABUADA P. Input-to-state stability of self-triggered control systems[C]// 28th Chinese Control Conference Held Jointly with the 2009 Decision and Control. 2009：928-933.

[56] MAZO M，ANTA A，TABUADA P. An ISS self-triggered implementation of linear controllers[J]. Automatica，2010，46(8)：1310-1314.

[57] WANG X，LEMMON M D. Self-triggering under state-independent disturbances[J]. IEEE Transactions on Automatic Control，2010，55(6)：1494-1500.

[58] GOMMANS T，ANTUNES D，DONKERS T，et al. Self-triggered linear quadratic control [J]. Automatica，2014，50(4)：1279-1287.

[59] ANTA A，TABUADA P. To sample or not to sample：self-triggered control for nonlinear systems[J]. IEEE Transactions on Automatic Control，2010，55(9)：2030-2042.

[60] DI B M D，DI G S，D'INNOCENZO A. Digital self-triggered robust control of nonlinear systems[J]. International Journal of Control，2013，86(9)：1664-1672.

[61] DONKERS M C F，TABUADA P，HEEMELS W P M H. On the minimum attention control problem for linear systems：A linear programming approach[C]//IEEE Conference on Decision & Control & European Control Conference. 2011：4717-4722.

[62] HENNINGSSON T，JOHANNESSON E，CERVIN A. Sporadic event-based control of first-order linear stochastic systems[J]. Automatica，2008，44(11)：2890-2895.

[63] OTANEZ P G，MOYNE J R，TILBURY D M. Using deadbands to reduce communication in networked control systems[C]//American Control Conference. 2002：3015-3020.

[64] PAWLOWSKI A，GUZMÄN J L，BERENGUEL M，et al. Event-based Predictive Control triggered by input and output deadband conditions[C]//The 19th World Congress &the International Federation of Automatic Control. IFAC. 2014：8116-8121.

[65] PAWLOWSKI A，CERVIN A，GUZMAN J L，et al. Generalized predictive control with actuator deadband for event-based approaches[J]. IEEE Transactions on Industrial Informatics，2014，10(1)：523-537.

[66] ESTRADA T，ANTSAKLIS P J. Stability of discrete-time plants using model-based control with intermittent feedback[C]//IEEE 2008 16th Mediterranean Conference on Control and Automation. 2008：1130-1136.

[67] MONTESTRUQUE L A，ANTSAKLIS P J. On the model-based control of networked systems[J]. Automatica，2003，39(10)：1837-1843.

[68] POLUSHIN I G，LIU P X，LUNG C H. On the model-based approach to nonlinear networked control systems[J]. Automatica，2008，44(9)：2409-2414.

[69] GARCIA E，ANTSAKLIS P. Model-based event-triggered control for systems with

quantization and time-varying network delays [J]. IEEE Transactions on Automatic Control, 2013, 58(2): 422-434.

[70] EQTAMI A, DIMAROGONAS D V, Kyriakopoulos K J. Event-triggered control for discrete-time systems[C]//American Control Conference. 2010: 4719-4724.

[71] VELASCO M, MARTI P, BINI E. On Lyapunov sampling for event-driven controllers [C]//IEEE Conference on Decision & Control. 2009: 6238 - 6243.

[72] YUE D, TIAN E. Delay system method to design of event-triggered control of networked control systems [C]//Proceedings of the Joint 50th IEEE Conference on Decision and Control and European Control Conference, 2011: 1668-1673.

[73] HU S, YIN X, ZHANG Y, TIAN E. Event-triggered guaranteed cost control for uncertain discrete-time networked control systems with time-varying transmission delays[J]. IET Control Theory & Applications, 2012, 6(18): 2793-2804.

[74] XIA C, HAO F. Periodic event-triggered state-feedback and output-feedback control for linear systems [J]. International Journal of Control, Automation, and Systems. 2015, 13(4): 1-9.

[75] TALLAPRAGADA P, CHOPRA N. Decentralized event-triggering for control of LTI systems[C]// 2013 IEEE International Conference on Control Applications (CCA). 2013: 698-703.

[76] POSTOYAN R, ANTA A, NESIC D, et al. A unifying Lyapunov-based framework for the event-triggered control of nonlinear systems[C]// 50th IEEE Conference on Decision and Control and European Control Conference (CDC-ECC), 2011: 2559-2564.

[77] WANG X, LEMMON M. On event design in event-triggered feedback systems [J]. Automatica, 2011, 47(10): 2319-2322.

[78] WANG X, SUN Y, HOVAKIMYAN N. Asynchronous task execution in networked control systems using decentralized event-triggering[J]. Systems & Control Letters, 2012, 61(9): 936-944.

[79] DIMAROGONAS DV, FRAZZOLI E, Johansson K H. Distributed event-triggered control for multi-agent systems [J]. IEEE Transactions on Automatic Control, 2012, 57(5): 1291 -1297.

[80] MAZO M, TABUADA P. Towards decentralized event-triggered implementations of centralized control laws[C]//CONET CPSWEEK. 2010: 201-211.

[81] ELOY G, YONGCAN C, YU H, et al. Decentralised event-triggered cooperative control with limited communication[J]. International Journal of Control, 2013, 86(9): 1479-1488.

[82] BAUER N W, DONKERS M C F, WOUW N V D, et al. Decentralized static output-feedback control via networked communication[C]//American Control Conference. 2012:

5700-5705.

[83] YU H, ANTSAKLIS P J. Event-triggered real-time scheduling for stabilization of passive and output feedback passive systems[C]//American Control Conference. 2011: 1674-1679.

[84] YU H, ANTSAKLIS P J. Event-triggered output feedback control for networked control systems using passivity: achieving L_2 stability in the presence of communication delays and signal quantization[J]. Automatica, 2013, 49(1): 30-38.

[85] YOOK J, TILBURY D, SOPARKAR N. Trading computation for bandwidth: reducing communication in distributed control systems using state estimators[J]. IEEE Transactions on Control Systems Technology, 2002, 10(4): 503-518.

[86] LI L, LEMMON M. Weakly coupled event triggered output feedback system in wireless networked control systems[J]. Discrete Event Dynamic Systems, 2014, 24(2): 247-260.

[87] RAMESH C, SANDBERG H, BAO L, et al. On the dual effect in state-based scheduling of networked control systems[J]. 2011 American Control Conference. 2011: 2216-2221.

[88] JETTO L, ORSINI V. Event-triggered internally stabilizing sporadic control for MIMO plants with non-measurable state[C]//IFAC World congress, 2011: 10225-10230.

[89] BAUER N W, DONKERS M C F, HEEMELS W P M H, et al. An approach to observer-based decentralized control under periodic protocols[C]//American Control Conference. 2010: 2125-2131.

[90] VERHAEGH J L C, GOMMANS T M P, HEEMELS W P M H. Extension and evaluation of model-based periodic event-triggered control[C]//2013 European Control Conference (ECC). 2013: 1138-1144.

[91] Mccourt M J, GARCIA E, ANTSAKLIS P J. Model-based event-triggered control of nonlinear dissipative systems[C]//American Control Conference. 2014: 5355-5360.

[92] ZHANG X M, HAN Q L. Event-triggered dynamic output feedback control for networked control systems[J]. IET Control Theory & Applications, 2014, 8(4): 226-234.

[93] KHALIL H K. Nonlinear systems[M]. 3rd ed. Upper Saddle River, NJ: Prentice Hall, 2002.

[94] GOEBEL R, SANFELCE R, Teel A R. Hybrid dynamical systems[J]. IEEE Control Systems, 1989, 29(2): 28-93.

[95] HADDAD W M, CHELLABOINA V, NERSESOV S G. Impulsive and hybrid dynamical systems: stability, dissipativity, and control[M]. Princeton, NJ: Princeton University Press, 2006.

[96] JOHANSSON M. Piecewise linear control systems[M]. Berlin, Germany: Springer, 2003.

[97] SONTAG E D. Nonlinear regulation: the piecewise linear approach[J]. IEEE Transactions on Automatic Control, 1981, 26(2): 346-358.

[98] PREMARATNE U, HALGAMUGE S, MAREELS I. Event triggered adaptive differential modulation: a new method for traffic reduction in networked control systems[J]. IEEE Transactions on Automatic Control, 2013, 58(7): 1696-1706.

[99] HU S, YUE D. Event-triggered control design of linear networked systems with quantizations[J]. ISA Transactions, 2012, 51(1): 153-162.

[100] HU S, YUE D. Event-based H_∞ filtering for networked system with communication delay[J]. Signal Processing, 2012, 92(9): 2029-2039.

[101] HU S, ZHANG Y, DU Z. Network-based H_∞ tracking control with event-triggering sampling scheme[J]. IET Control Theory & Applications, 2012, 6(4): 533-544.

[102] HU S, YUE D, SHI M, et al. Discrete-time event-triggered control of nonlinear wireless networked control systems[J]. Abstract & Applied Analysis, 2014, 2014 (1): 1-14.

[103] PENG C, HAN Q L. A novel event-triggered transmission scheme and L_2 control codesign for sampled-data control systems[J]. IEEE Transactions on Automatic Control, 2013, 58(10): 2620-2626.

[104] PENG C, YANG T C. Event-triggered communication and H_∞ control co-design for networked control systems[J]. Automatica, 2013, 49(5): 1326-1332.

[105] PENG C, FEI M R. Networked H_∞ filtering for discrete linear systems with a periodic event-triggering communication scheme[J]. IET Signal Processing, 2013, 7(8): 754-765.

[106] YUE D, YIN X, HU S. Event-triggered predictive control for networked systems with communication delays compensation[J]. International Journal of Robust and Nonlinear Control, 2014, 25(18): 3572-3595.

[107] YIN X, YUE D. Event-triggered tracking control for heterogeneous multi-agent systems with markov communication delays[J]. Journal of the Franklin Institute, 2013, 350(5): 1312-1334.

[108] HU J P, CHEN G R, LI H X. Distributed event-triggered tracking control of leader-follower multi-agent systems with communication delays[J]. Kybernetika, 2011, 47(4): 630-643.

[109] HU J P, ZHOU Y L, LIN Y S. Second-order event-triggered multi-agent consensus Control[C]//Proceedings of the 31st Chinese control conference. 2012: 6339-6344.

[110] QI B, CUI B T, LOU X Y. State-dependent event-triggered control of multi-agent systems[J]. Chinese Physics B, 2014, 23(11): 215-222.

[111] LI H P, SHI Y, Yan W S, et al. Periodic event-triggered distributed receding horizon control of dynamically decoupled linear systems [J]. IFAC Proceedings

Volumes，2014，47(3)：10066-10071.

[112] LI H P，SHI Y. Event-triggered robust model predictive control of continuous-time nonlinear systems[J]. Automatica，2014，50：1507-1513.

[113] QI W，JIA X，CHI X，et al. Networked H_∞ filtering for T-S fuzzy systems based on event-triggered scheme[C]// IEEE Intelligent Control & Automation. 2012：1037-1042.

[114] YAN S，YAN H C，SHI H B，et al. Event-triggered H_∞ filtering for networked control systems with time-varying delay[C]//IEEE Control Conference. 2014：5869-5874.

[115] YAN H C，YAN S，ZHANG H，et al. Event-triggered H_∞ control for networked control systems with time-varying delay[J]. Mathematical Problems in Engineering，2014，2014(1)：1-7.

[116] YAN H C，YAN S，ZHANG H，et al. L_2 control design of event-triggered networked control systems with quantizations[J]. Journal of the Franklin Institute，2015，352(1)：332-345.

[117] LI S，XU B. Co-design of event generator and controller for event-triggered control system[C]. //Proceedings of 30th Chinese Control Conference. 2011：175-179.

[118] LI S B，XU B G. Event-triggered control for discrete-time uncertain linear parameter-varying systems[C]//Proceedings the 32nd Chinese Control Conference. 2013：1506-1561.

[119] 李炜，赵莉，蒋栋年，等. 基于事件触发的NCS鲁棒完整性设计[J]. 兰州理工大学学报，2014，40(1)：74-79.

[120] ZHAO Y H，FAN C X. State estimation for discrete-time sensor networks with event-triggered sampling[C]//Proceedings of the 32nd Chinese Control Conference (CCC)，2013：6682-6686.

[121] ELOY G，ANTSAKLIS P J. Optimal model-based control with limited communication[C]//Proceedings of the 19th IFAC World Congress，2014 19(1)：10908-10913.

[122] TALLAPRAGADA P，CHOPRA N. Decentralized event-triggering for control of LTI systems [C]//2013 IEEE International Conference on Control Applications (CCA)，2013：698-703.

[123] TALLAPRAGADA P，NIKHIL C. Event-triggered dynamic output feedback control for LTI systems[C]//IEEE 51st Annual Conference on Decision and Control. 2012：6597-6602.

[124] DURAND S，TORRES L，FERMI G C J. Event-triggered observer-based output-

feedback stabilization of linear system with communication delays in the measurements[C]//2014 European Control Conference (ECC). 2014: 666-671.

[125] KHASHOOEI B A, ANTUNES D J, HEEMELS W P M H. Rollout strategies for output-based event-triggered control[C]//2015 European Control Conference. 2015: 2168-2173.

[126] WANG J, HAN Q L, YANG F. Event-triggered output feedback dissipative control for network-based systems[C]//39th Annual Conference of the IEEE Industrial Electronics Society proceedings. 2013: 5086-5091.

[127] GARCIA E, ANTSAKLIS P J. Event-triggered output feedback stabilization of networked systems with external disturbance[C]// 53rd IEEE Conference on Decision and Control. 2014: 3566-3571.

[128] MA D, HAN J X, ZHANG D L, et al. Co-design of event generator and dynamic output feedback controller for LTI systems[J]. Mathematical Problems in Engineering, 2015, 2015(1): 1-7.

[129] ANEEL T, ANDREW T, CHRISTOPHE P. On using norm estimators for event triggered control with dynamic output feedback[C]//2015 IEEE Conference on Decision and Control. 2015: 5500-5505.

[130] Sontag E D. Input to state stability: basic concepts and results[M]//ANDREI A A, STEPHEN M A, EDUARDO D, et al. Nonlinear and optimal control theory. New York: Springer Berlin Heidelberg, 2008: 163-220

[131] 李殿璞. 非线性控制系统[M]. 西安：西北工业大学出版社，2009.

[132] TEEL A R. Stability theory for hybrid dynamical systems[J]. Encyclopedia of Systems & Control, 2013, 43(4): 1-9.

[133] SONTAG E D. Input to state stability: basic concepts and results[J]. Lecture Notes in Mathematics, 1970, 1(12): 163-220.

[134] JIANG Z P, Wang Y. Input-to-state stability for discrete-time nonlinear systems[J]. Automatica, 2001, 37(01): 857-869.

[135] NESIC D, TEEL A R. Input-output stability properties of networked control systems[J]. IEEE Transactions on Automatic Control, 2004, 49 (10): 1650-1667.

[136] HEEMELS W, LEHMANN D, LUNZE J, et al. Introduction to hybrid systems [M]. Cambridge, UK: Cambridge University Press, 2009: 91-116.

[137] JEREMY G, VAN A, RICHARD D B. A tutorial on linear and bilinear matrix inequalities [J]. Journal of Process Control, 2000, 26(10): 363-385.

[138] HASSIBI A, HOW J, BOYD S. A path-following method for solving BMI problems in control[C]//American Control Conference. 1999: 1385-1389.

[139] IWASAKI T, SKELTON R E. The XY-centring algorithm for the dual LMI problem: a new approach to xed-order control design[J]. International Journal of Control 1995, 62(2): 1257-1272.

[140] 包为民. 航天飞行器控制技术研究现状与发展趋势[J]. 自动化学报, 2013, 39(6): 697-702.

[141] 陈宗基, 张汝麟, 张平, 等. 飞行器控制面临的机遇与挑战[J]. 自动化学报, 2013, 39(6): 703-710.

[142] 陆豪, 李运华, 田胜利, 等. 驱动大惯量低刚度负载的推力矢量控制电动伺服机构的 μ 综合鲁棒控制[J]. 机械工程学报. 2011, 47(2): 180-188.